まるごとわかる
猫種大図鑑

監修・CFA公認審査員　早田由貴子

Gakken

はじめに

　猫は常に2大ペットとして犬と比較されてきました。しかし現在では、世界で飼い猫の数が飼い犬の数を上回ってきています。犬と猫は、同じ生き物として大きくとらえられがちですが、体の特性や習性などまったくちがう動物です。

　人間との関係の結び方も異なります。犬が人間をリーダーとみなす主従関係を結ぶのに対し、猫は結構気ままというか、わがままに友好関係をとりつつ生きています。

　人間はイエネコを何千年にもおよぶ歳月をかけて家畜化することを試みましたが、彼らは決して野生の血をなくすことはありませんでした。これこそが猫の魅力です。猫は野生の血を残しつつも、実にじょうずに人間社会にとけ込んでいます。

　犬と猫のちがいについてお話してきましたが、猫の中でも種類はたくさんあり、それぞれで体の構造や適する環境が異なります。本書では、人気の猫種を全46種類紹介しています。猫種によって毛色や毛の長さ、形態的特徴、性格などが異なり、もとは1匹のイエネコからそれらが発生したことに驚きを禁じえません。

　さまざまな猫種の魅力について、猫が好きな多くの方に本書で触れていただけると幸いです。

早田由貴子

CONTENTS

Abyssinian

American Curl

3	はじめに
8	猫と人の歴史
10	猫の品種と遺伝
12	世界の猫のルーツ
14	猫の毛色とパターン
18	猫の体型のパターン
20	本書の見方

American Shorthair

22 人気猫種カタログ

24 **アビシニアン**
Abyssinian

30 **アメリカンカール**
American Curl

American Wirehair

36 **アメリカンショートヘアー**
American Shorthair

42 **アメリカンワイヤーヘアー**
American Wirehair

44 **ベンガル**
Bengal

Bengal

50 **バーマン**
Birman

54 **ボンベイ**
Bombay

Birman

Bombay

British Shorthair

58	**ブリティッシュショートヘアー** British Shorthair
64	**バーミーズ** Burmese
66	**ヨーロピアンバーミーズ** European Burmese
68	**シャルトリュー** Chartreux
74	**コーニッシュレックス** Cornish Rex
78	**デボンレックス** Devon Rex
82	**エジプシャンマウ** Egyptian Mau
86	**エキゾチック** Exotic
92	**ジャパニーズボブテイル** Japanese Bobtail
98	**コラット** Korat
102	**ラパーマ** La Perm
108	**メインクーン** Maine Coon
114	**マンクス** Manx

Burmese

Cornish Rex

Egyptian Mau

Maine Coon

Manx

Munchkin

Cymric

116	**キムリック** Cymric	
118	**マンチカン** Munchkin	
	マンチカンの仲間たち	
124	**キンカロー** Kinkalow	
125	**ナポレオン** Napoleon	
126	**ラムキン** Lambkin	
127	**バンビーノ** Bambino	
128	**ノルウェージャンフォレストキャット** Norwegian Forest Cat	
134	**オシキャット** Ocicat	
140	**ペルシャ** Persian	
146	**ヒマラヤン** Himalayan (Persian Pointed)	
148	**ラガマフィン** RagaMuffin	
152	**ラグドール** Ragdoll	
158	**ロシアンブルー** Russian Blue	
164	**スコティッシュフォールド** Scottish Fold	

Napoleon

Norwegian Forest Cat

Himalayan

Russian Blue

Scottish Fold

Selkirk Rex

170	**セルカークレックス** Selkirk Rex	
176	**サイアミーズ** Siamese	Siamese
182	**バリニーズ** Balinese	
184	**オリエンタル** Oriental	
188	**スノーシュー** Snowshoe	Oriental
190	**サイベリアン** Siberian	
194	**シンガプーラ** Singapura	
198	**ソマリ** Somali	
204	**スフィンクス** Sphynx	Sphynx
210	**トンキニーズ** Tonkinese	
214	**ターキッシュアンゴラ** Turkish Angora	
218	**ターキッシュバン** Turkish Van	
220	**用語集**	Turkish Van

Singapura

Tonkinese

猫と人の歴史

猫と人との歴史が始まったのは、今から6000年前頃のナイル川上流とされています。その後、世界各地に猫が伝わりました。

🐾 イエネコの祖先 リビアヤマネコの登場

今から約6500万年前に肉食の哺乳類が誕生し、その仲間が進化して、犬、猫の祖先といわれる「ミアキス」が誕生しました。そして、約20万年前、現在のヒトの祖先であるホモ・サピエンスがアフリカで誕生する頃、現在「猫」と呼ばれているイエネコの祖先も出現しました。

このイエネコの祖先は、北アフリカや地中海沿岸、インドなどに生息するリビアヤマネコであると考えられています※。今から約6000年前頃、アフリカのナイル川上流域に住む原住民は、小動物や鳥を狩猟するため、リビアヤマネコを飼いならすようになりました。これが、人と猫との歴史の始まりとされています。

※猫の起源に関しては諸説あります。

🐾 エジプトで神聖な生き物として大切にされた猫

紀元前約4000年頃になると、ナイル川流域に住む人々は農業を営むようになりました。そして、田畑でとれた作物をネズミから守るために、古代エジプトでは猫を飼うことが広まっていきました。毒ヘビを退治することにも一役買う猫は、古代エジプトの人々に家族の一員として大切にされました。

やがて、古代エジプトでは、頭部が猫で人間の女性の体をもつバステト神が信仰されるようになりました。猫は、多産や性的能力のシンボルと崇められ、多くの家庭で猫を飼い、守り神として大切にしました。この時代のエジプトでは、猫は法律のうえでも守られていて、たとえ事故であっても猫を殺すことは大罪とされたのです。

イエネコの祖先とされているリビアヤマネコ。

エジプトから猫が広まっていった

エジプトでは、猫を国外に持ち出すことを禁じていました。しかし、商人たちによって密輸され、中近東やアジアなど他の地へと渡っていきました。紀元前500年頃にはインドに渡り、ペルシャ（現在のイラン）や、シャム（現在のタイ）や、中国へと、猫は広まっていきました。ギリシャ、ローマに渡った猫は、キリスト教の普及やローマ帝国の遠征によって、ヨーロッパに広められました。

猫は家畜として一般的ではなく、エキゾチックペットとしてまだめずらしい存在でしたが、こうして世界各地に広まっていった理由のひとつとして、猫が船上の生活にうまく順応したことなどがあげられています。

「魔女狩り」で迫害を受けた猫

ヨーロッパにキリスト教が広まっていくと、人々の猫に対する見方は激変しました。もともとは多産、性的能力、母性の象徴とされていた猫でしたが、それが、魔女の使い、悪魔の象徴などと結びつけられるようになったのです。教会が「魔女狩り」を推し進めると、猫の受難の時代が始まりました。多くの猫が捕らえられ、火あぶりなど残酷な方法で処刑されたのです。また、猫をかくまう人も同じように水責めや火あぶりの刑に処せられました。

猫が街から姿を消した14〜18世紀のヨーロッパでは、ネズミが増え、ペストが猛威をふるいました。そうした病気の原因の多くが細菌であることがわかると、細菌を運んでくるドブネズミを退治する猫は、再び肯定的に受け入れられるようになったのです。

19世紀末にはイギリスでキャットショーが開催され、ヨーロッパや北米のあちこちでキャットクラブがつくられました。猫はこの100年の間で、家庭のペットとしての地位をやっと確立したのです。

日本の猫は中国大陸から伝来

日本に猫が現れたのは、538年の仏教伝来の頃とされています。この頃、中国から日本に多くの船が渡ってきました。その荷をネズミから守るため、多くの猫が乗せられていたのです。

日本最古の猫の記録は、平安時代に書かれた宇多天皇の日記で、唐から渡来した黒猫を889年に先帝から譲り受けたとあります。これ以降の平安文学には猫の記述が見られるようになり、『枕草子』『源氏物語』『更級日記』などにも猫が登場します。これらによると、猫は上流階級の貴族の間で飼われた希少な愛玩動物であったようです。

その後、島国の日本では隔離された中で交配がくり返され、独特の風貌をもった「和猫」が出現しました。日本では「猫又」と呼ばれる二股に分かれた尾をもつ化け猫の伝説が広がったため、短尾を特徴とした猫が広まりました。これがジャパニーズボブテイル（P.92）の祖先となります。戦後になると、海外から多くの猫が持ち込まれたため、純粋な和猫は現在存在していません。

猫の品種と遺伝

猫は世界各地で独特の進化を遂げました。そして自然交配や人為的交配によって現在のようなさまざまな品種が誕生したのです。

いろいろな姿かたちの猫が自然発生した理由

人と生きる環境下で、ヤマネコはイエネコへと進化しました。人に恐怖心をもたない穏やかな性質が受け継がれ、また、身体的にも変化が見られました。今日のイエネコの祖先である猫は、数十万年の間、一様に短毛で縞模様でした。野生で生き残るためには、目立たない色や縦縞などの模様でカムフラージュをする必要があったのです。それが、人に飼われることで、野生では目立ってしまう色や模様の猫も生き残ることができ、さまざまな色や模様が定着するようになりました。

また、猫の祖先が世界各地に渡り、その土地の気候や環境に適応したものが生き残ることで、体型や毛質なども独特の変化を遂げました。例えば、寒い国では体が大きく毛が長く密な猫が生き残り、暑い国では短毛で脚が長くスレンダーな体型の猫が生き残りました。こうして、世界各地に独特の風貌の猫が誕生したのです。

品種が生まれた経緯とブリーダーの役割

猫の品種が生まれた経緯は次の3つに分けることができます。

まずは、先に述べたように、環境に適応するために進化した猫が自然に交配をくり返すことで固定化した「自然発生タイプ」。それから、自然に発生した純血種の猫の中で、突然変異で現れた姿を固定化させた「突然変異的発生タイプ」があります。そして3つめは、これらの純血種の猫どうしを交配して新しい品種を作り出す「人為的発生タイプ」です。

もとは自然発生した純血種であっても、その特徴を後世に残すためには遺伝子型を正しく伝えていかなければなりません。そのために、正しい知識をもったブリーダーによって、選択交配を行う必要があります。

遺伝子によって伝えられる特徴

猫からは猫しか生まれないことや、体型や被毛の長さや色などの特徴を決めるのは、すべて遺伝の情報によります。この遺伝の情報を司るのが細胞の核にある染色体です。

染色体はそれぞれの核に19対38本あり、受精によって父母から半分ずつ受け継ぎ、卵子の染色体19本と精子の染色体19本が組み合わさって唯一無二の新たな染色体が19対38本作られます。このとき父母から受け継いだ

遺伝子の組み合わせによって、体型や被毛の長さなどの特徴が決まるのです。

優性遺伝と劣性遺伝

短毛の親から長毛の子猫が生まれるなど、親と異なる特徴をもつ猫が生まれるのはなぜなのでしょうか？

短毛の猫の遺伝子は「L」、長毛の猫の遺伝子は「l」と表記されます。そして短毛の遺伝子「L」は、ひとつだけでも効果が現れるため「優性遺伝」、長毛の遺伝子「l」は、ふたつそろわないと効果が現れないため「劣性遺伝」とされています。

「Ll」という遺伝子をもった短毛の猫の父母が交尾すると、「Ll」「LL」という遺伝子をもつ短毛の猫と「ll」という遺伝子をもつ長毛の猫が生まれる可能性があります。こうして、被毛の長さや色や模様が異なるいろいろな猫が生まれます。これを「優性の法則」といいます。

また、卵子や精子の細胞で突然変異が起こり、新たな遺伝子が広まる場合もあります。

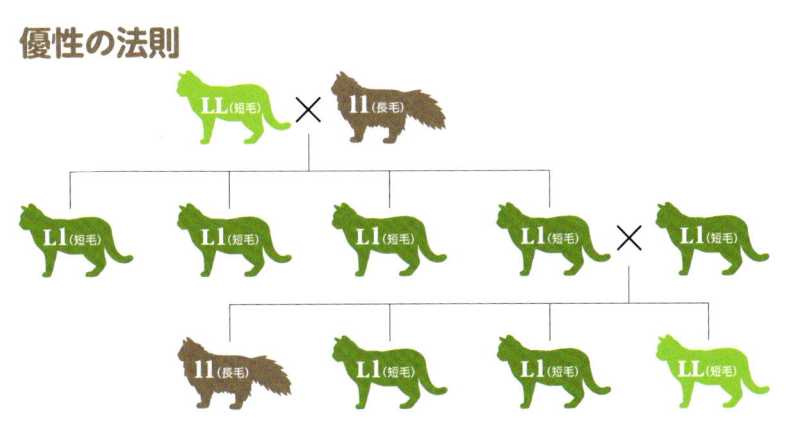

優性の法則

猫の主要な遺伝形質

- **A**：アグーティまたはタビー
- **a**：ノン・アグーティまたは単色
- **B**：黒
- **b**：茶色またはチョコレート
- **bl**：薄茶またはシナモン
- **C**：単色または濃淡なし
- **cb**：バーミーズ模様またはセピア
- **cs**：サイアミーズ模様またはポインテッド
- **D**：深い暗色
- **d**：淡い明るい色
- **I**：抑圧遺伝子または銀化
- **i**：基底に及ぶ色素沈着
- **L**：短毛
- **l**：長毛
- **O**：オレンジまたは伴性遺伝の赤
- **o**：黒味を帯びた非赤色
- **S**：白の斑、もしくはバイカラー
- **s**：体全体がソリッドカラー
- **T**：縞またはマッカレルのタビー
- **Ta**：アビシニアン、もしくはティックタビー
- **tb**：ブロッチドまたはクラシックタビー
- **W**：他の色をマスキングした白
- **w**：ノーマルカラー

※大文字は優性の特徴、小文字は劣性の特徴を表しています。

世界の猫のルーツ

特定の環境で生き残った「自然発生タイプ」や「突然変異的発生タイプ」の猫から、「人為的発生タイプ」を経て、新たな猫が生まれています。

イギリス

自然発生タイプ
- アビシニアン ▶ P.24
- ブリティッシュショートヘアー ▶ P.58
- マンクス ▶ P.114

突然変異的発生タイプ
- コーニッシュレックス ▶ P.74
- デボンレックス ▶ P.78
- スコティッシュフォールド ▶ P.164

人為的発生タイプ
- ヒマラヤン ▶ P.146
- オリエンタル ▶ P.184

ノルウェー

自然発生タイプ
- ノルウェージャンフォレストキャット ▶ P.128

アフガニスタン

自然発生タイプ
- ペルシャ ▶ P.140

フランス

自然発生タイプ
- シャルトリュー ▶ P.68

トルコ

自然発生タイプ
- ターキッシュアンゴラ ▶ P.214
- ターキッシュバン ▶ P.218

エジプト

自然発生タイプ
- エジプシャンマウ ▶ P.82

シンガポール

自然発生タイプ
- シンガプーラ ▶ P.194

猫の毛色とパターン

本書では、猫の被毛を色のつき方や模様別に9つに分類しています。ここでは、各パターンの定義とカラーバリエーションを紹介します。

ソリッド
体や頭、脚、尾など、すべてが同じ色

ブラック

レッド

ブルー

ホワイト

オーバーコートとアンダーコート

猫には、被毛が2種類あります。ひとつ目は、体の表面を覆う長い毛、「オーバーコート」です。水を弾く、紫外線から体を守るなどの役割があります。ふたつ目が、体に近いところに生えている「アンダーコート」。細くてやわらかい毛で、体を保温する役割をもちます。

＊ソリッドの毛色

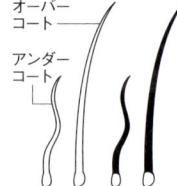

ソリッドは、根元から毛先まで均一の色合いです。ブラック、ホワイト、チョコレート、シナモン、レッド、ブルー、ライラック、フォーン、クリームの9色があります。

タビー
トラのような縞模様をもつ

＊タビーの毛色

オーバーコートの毛先から1／2と、1／3に色がついています。アンダーコートは1色です。

- ブラウンマーブルドタビー
- レッドティックドタビー
- シルバータビー
- シルバーパッチドタビー
- カメオマッカレルタビー
- ブラウンスポッテッドタビー

シルバー＆ゴールデン
毛先に色がつき、根元は白か淡色

＊シルバー＆ゴールデンの毛色

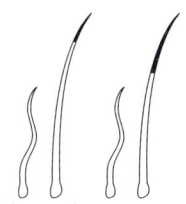

チンチラは、毛の先端にだけ色がついているタイプ。シェーデッドは、毛先から約1／2〜1／3に色がついているタイプ。どちらも、残りの部分は白か淡色をしています。

[チンチラ] [シェーデッド]

- シェーデッドゴールデン
- シェーデッドシルバー
- チンチラシルバー

スモーク&シェーデッド
オーバーコートの付け根 1/2 が白色

ブルースモーク

ブラックスモーク

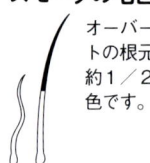
ブルークリームスモーク

＊スモークの毛色
オーバーコートの根元から約1/2が白色です。

パーティカラー
2色の複合色

トーティシェル

＊パーティカラーの毛色
トーティシェル、ブルークリームなど、全部で4パターンあります。

キャリコ&バイカラー
体の約 1/2〜1/3 が白色で、2色以上の毛色をもつ

ブラック&ホワイト

キャリコ

ブルー&ホワイト

ダイリュートキャリコ

レッド&ホワイト

三毛猫にオスがいないのはなぜ？

　日本でも人気の三毛猫ですが、実はほとんどがメス。それは、性別がもつ性染色体の影響によるものです。
　動物の性別は、XとYという2種類の性染色体の組み合わせで決まります。1本ずつもつ場合はオス（XY）に、Xの染色体を2本もつ場合はメス（XX）になります。毛色の遺伝子は、Xの染色体にしかのらないため、Xの染色体が1本のオスは、白以外の1色しかもちえず、三毛にならないのです。

タビー&ホワイト
体の約1/2～1/3が白色で、縞模様をもつ

シルバータビー&ホワイト

シルバーパッチドタビー&ホワイト

ブルーマッカレルタビー&ホワイト

レッドマッカレルタビー&ホワイト

ポインテッド
顔や耳、脚、尾など、体の末端に色がついている

ポインテッド&ホワイト
体の末端に色がついていて、なおかつ白が混ざっている

シールリンクスポイント

トーティポイント

ブルーポイント&ホワイト

シールポイント&ホワイト

シールポイント

ナチュラルミンク

ライラックポイント&ホワイト

ブルーポイントミテッド

猫の体型のパターン

猫の体型は、体の大きさや骨格、尾の長さなどにより、大きく6つに分けられます。それぞれの特徴を見てみましょう。

オリエンタル
全体に長く、ほっそりした体型

サイアミーズ ▶ P.176

コーニッシュレックス ▶ P.74

オリエンタル ▶ P.184

フォーリン
長いボディと四肢をもつ、細身のタイプ

アビシニアン ▶ P.24

ロシアンブルー ▶ P.158

ソマリ ▶ P.198

セミフォーリン
やや長めの体に、平均的な骨格をもつ

アメリカンカール ▶ P.30

デボンレックス ▶ P.78

マンチカン ▶ P.118

オシキャット ▶ P.134

スフィンクス ▶ P.204

セミコビー
がっしりした体型だが、胴と四肢、尾はやや長め

アメリカンショートヘアー
▶ P.36

ボンベイ
▶ P.54

ブリティッシュショートヘアー
▶ P.58

スコティッシュフォールド
▶ P.164

セルカークレックス
▶ P.170

コビー
骨格が太く短めで、がっしりしている

バーミーズ
▶ P.64

エキゾチック
▶ P.86

ペルシャ
▶ P.140

ロング&サブスタンシャル
大型でがっしりしていて、重量感がある

ベンガル
▶ P.44

メインクーン
▶ P.108

ノルウェージャンフォレストキャット
▶ P.128

19

本書の見方

P.22 から始まる猫種カタログには、猫に関する知識や飼育に役立つ情報がたくさん詰まっています。本書を100％活用するためのポイントをご紹介！

品種のキャラクターチャート

性格や食事量など、飼育するうえで参考になる5つの情報を、チャートにまとめました。
- 活発さ ▶ 運動量の多さ。
- 性格の大らかさ ▶ 穏やかな性格であるか。
- しつけのしやすさ ▶ トイレなどの覚えやすさ。
- 抜け毛量 ▶ 抜け毛の多さ。
- 食事量 ▶ 必要な食事量の多さ。

体のパーツの特徴

頭部、耳、目、被毛、体型、脚、尾の7つのパーツを、それぞれくわしく紹介しています。

猫の体のパーツについて

本書では、わかりやすく、読みやすくするために、専門用語を極力使わずに解説をしていますが、猫の体のパーツについては、一部カタカナ表記を使用しています。

*本書で紹介する品種について

本書では、基本的にCFA※の猫種基準にもとづいて、色やパターンなどを紹介しています。
※CFA＝キャット・ファンシアーズ・アソシエーションの略。1906年に創立された、アメリカ最大の猫種登録協会のこと。

🐾 品種のくわしいデータ

原産地 品種が発生した国と、発生方法。**自然発生**は、人の手を介さずに生まれたもの。**人為的発生**は人の手で交配されて作られたもの。**突然変異的発生**は、遺伝的な特徴を備え、偶然生まれたものを指します。

先祖 品種の生まれにかかわった、祖先となる品種。

体型 体の大きさや特徴です。オリエンタル、フォーリン、セミフォーリン、セミコビー、コビー、ロング＆サブスタンシャルの6パターンがあります（▶P.18）。

頭の形 頭の形を、図とともに紹介します。

体重 オス、メスの平均体重です。

毛種 品種がなりえる毛の種類です。短毛種、長毛種、無毛種があります。

毛色 品種がなりえる毛色です。ブラック、ホワイト、チョコレート、シナモン、レッド、ブルー、ライラック、フォーン、クリームの9色があります。品種によって、毛色の呼び方が異なる場合もあります。

ブラック	ホワイト	チョコレート
シナモン	レッド	ブルー
ライラック	フォーン	クリーム

目色 代表的な目の色のバリエーションです。

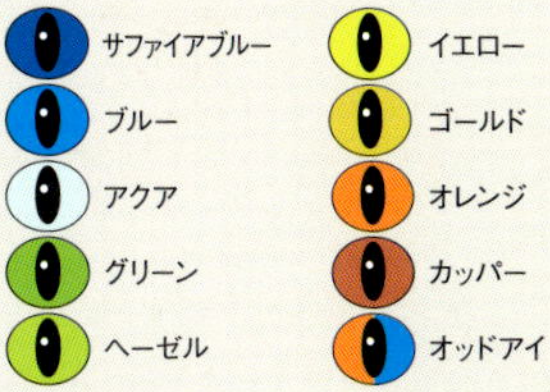

🔵 サファイアブルー	🟡 イエロー
🔵 ブルー	🟠 ゴールド
⚪ アクア	🟠 オレンジ
🟢 グリーン	🟤 カッパー
🟢 ヘーゼル	🔵🟡 オッドアイ

パターン 毛色のパターンです。
本書では、9種に分類しています（▶P.14）。

American Curl

Bengal

Japanese Bobtail

Singapura

Ocicat

人気猫種

Birman

Scottish Fold

Turkish Angora

Somali

本書では、CFAの猫種基準をもとに、世界中で人気の42品種＋話題の珍種4品種を掲載！ 猫種の歴史やキャラクターチャート、体の特徴といった各種データのほか、子猫も含めた多くの写真でカラーバリエーションを紹介しています。

Abyssinian

Oriental

Maine Coon

Chartreux

American Wirehair

Cymric

American Shorthair

Sphynx

カタログ

La Perm

Russian Blue

Persian  Exotic

Norwegian Forest Cat

Devon Rex  Munchkin

Bombay

Tonkinese

美しい毛色とプロポーションを誇る
アビシニアン
Abyssinian

Head
頭部は平らな面がない丸みを帯びたくさび型。横から見ると鼻筋はゆるやかなカーブを描く。

Ear
付け根が広いカップ状の大きな耳で、先端はややとがっている。聞き耳を立てるように開いている。

Tail
付け根は太く、先端に向かって細くなる尾。ボディに対して、やや長め。

Body
筋肉質で引き締まり、優美な印象を与えるボディ。ボディラインは、しなやかな曲線を描く。

Leg
脚は細く、引き締まっている。ポウはたまご型。立ち姿はつま先立ちをしているように見える。

レッド

アビシニアンの祖先は聖なる猫⁉

　古代エジプト時代、猫は女神バステトの化身としてあがめられていました。当時の壁画や美術品には、アビシニアンによく似た猫の姿が描かれています。そのためアビシニアンの祖先はこの聖なる猫とされる説もありました。しかし、最近の研究では、アビシニアンのルーツは、インド洋沿岸や東南アジアとされています。

　猫種名は、1874年にイギリスで「アビシニア（現在のエチオピア）から来た種」と報告されたことが由来です。

現在のアビシニアンにつながる猫の誕生

　インド洋沿岸や東南アジアがルーツといわれるアビシニアンですが、猫種として確立したのはイギリスです。

　もともとイギリスにいたラビット・キャット（野ウサギのような毛色の猫）と、ブラウンやシルバーの毛色をもつ猫を掛け合わせ、1800年代後半には、アビシニアンの基礎となる猫が誕生します。

　1900年代初期にアメリカに輸入されると、さらに改良が加えられ、よりカラフルな毛色となりました。

kitten
ブルー

ブルー

Abyssinian

ルディ

(左) フォーン
(右) レッド

アビシニアン

ブルー

野性味を感じさせる風貌ですが、実は甘えん坊。遊ぶのが大好きなので十分に運動できるスペースを作りましょう。

フォーン

ブルー

Abyssinian

レッド kitten

子猫のときから、耳が大きくボディはスリム。

レッド

column

カラフルな
ティックドコートが特徴

アビシニアンの被毛は、1本1本が4～6色の濃淡がある帯状に区切られています。この独特の被毛は、アグーティタビー（アビシニアンタビー）と呼ばれ、まるで絹織物のように豊かな色彩と光沢をもち、美しい輝きを放ちます。

くるんとカールした耳が特徴
アメリカンカール
American Curl

Head
頭部はやや縦長で平らな部分がなく、丸みのあるくさび型。額から顎にかけて、なだらかなカーブを描く。

Ear
耳は正面から見て両耳の先端が頭の中央を指すように、90度から180度の角度で反り返っている。

Eye
やや大きめで、表情豊かなクルミ型の目。被毛がポイントカラーの場合は、目の色はブルー。

ダイリュートキャリコ

Character Chart

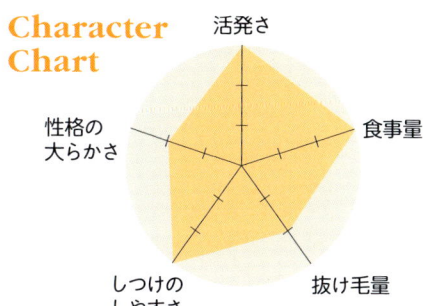

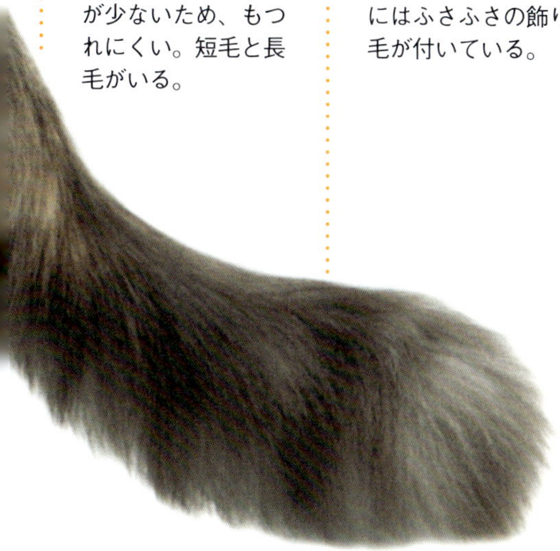

Data

原産地	アメリカで突然変異的発生
先祖	不明
体型	セミフォーリンタイプ 
頭の形	幅広・平面がないくさび型
体重	オス 2.5〜4.5kg メス 2.5〜3.5kg
毛種	短毛種・長毛種

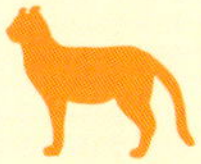

毛色 すべての色

ブラック　ホワイト　チョコレート
シナモン　レッド　ブルー
ライラック　フォーン　クリーム

パターン すべてのパターン

ソリッド　タビー　シルバー&ゴールデン
スモーク&シェーデッド　パーティカラー　キャリコ&バイカラー
タビー&ホワイト　ポインテッド　ポインテッド&ホワイト

目色 毛色に準ずる

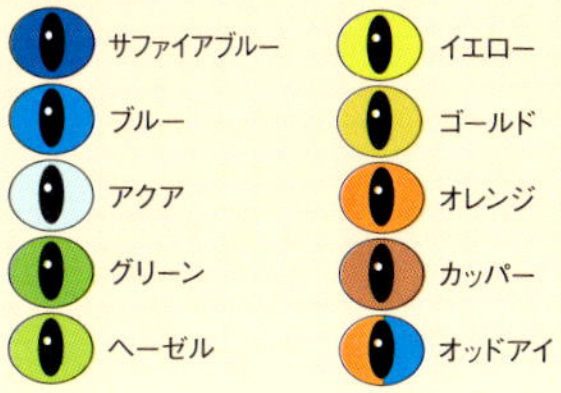

サファイアブルー　イエロー
ブルー　ゴールド
アクア　オレンジ
グリーン　カッパー
ヘーゼル　オッドアイ

Body
中型のボディ。筋肉が発達しているが、ほっそりした体つき。胴は長い長方形をしている。

Leg
脚は、ボディに対して中くらいの長さ。前後から見てまっすぐに付いている。太くもなく細くもない。

Hair
細くなめらかな毛質で、アンダーコートが少ないため、もつれにくい。短毛と長毛がいる。

Tail
尾はボディより長く、長毛種の場合、先端にはふさふさの飾り毛が付いている。

アメリカンカール

偶然発見された1匹の野良猫から誕生

1981年、アメリカ・カリフォルニア州に住むルガ夫妻は、玄関先で、長毛の黒い子猫を見つけました。その猫はくるんとカールした珍しい耳をもっていて、夫妻は『シュラミス』と名付け飼うことにしました。

やがて成長したシュラミスは、4匹の子猫を生みました。するとそのなかの2匹に、カールした耳の特徴が受け継がれていたのです。シュラミスはその後、アメリカのキャットショーで紹介され、1983年から、本格的なブリーディングがスタートしました。

こうしてアメリカンカールという品種が確立され、1985年にTICA、1993年にCFAで公認されました。

耳が反り返る確率は約50％！

アメリカンカールのくるんとカールした耳の形は優性遺伝ですが、すべての猫が反り返るわけではなく、反り方もまちまちです。

生まれたばかりの子猫は、すべて耳が立っています。生後1週間ほどで反り返ってきて、4か月頃には、カールがほぼ確定されます。

ブラウン
マッカレルタビー
＆ホワイト

ブルー
マッカレル
タビー

(左) レッドタビー
(中) ブラウンタビー
(右) レッドタビー

ゴールドアイドホワイト

アメリカンカール

シルバーパッチド
タビー

ブラック

レッドタビー&ホワイト

American Curl

長毛種は、被毛が完成するまで3～4年かかるので、子猫の頃から高タンパク・高カロリーの食事を与えて。

kitten レッドマッカレルタビー

トーティシェル＆ホワイト

column

定番は長毛種ながら短毛種も人気

アメリカンカールには長毛種と短毛種がいます。突然変異で生まれたシュラミスは長毛種でした。そのため、長毛種のほうが一般的ですが、最近では短毛種も人気があります。被毛はアンダーコートが少ないためもつれにくく、手入れは比較的簡単です。

優しくたくましいワーキング・キャット
アメリカンショートヘアー
American Shorthair

Head
大きくしっかりした頭部は、わずかに横幅より縦に長い。頬が張り、マズルは四角い。正面から見ると耳と耳の間は平ら。

Ear
耳は中くらいの大きさで、先端は少し丸みがある。両耳は広めの間隔で、離れ気味に付いている。

Eye
上側がアーモンド型、下側が丸い形をした大きな目。両目の間は目ひとつ分あいている。

Hair
手触りは硬めで、ボディに密生して生えている被毛。気候の変化に対応できるよう、厚みがある。

Leg
脚は中くらいの太さと長さ。まっすぐに伸び、筋肉が発達していてがっしりとしている。ポウは丸い。

シルバータビー&ホワイト

Character Chart

- 活発さ
- 食事量
- 抜け毛量
- しつけのしやすさ
- 性格の大らかさ

Body
ボディはしっかりした骨格で、力強く筋肉質。とくに肩、胸、下半身が発達している。

Tail
ボディに対して中くらいの長さの尾。付け根は太く、先端に向かって細くなる。

Data

原産地	アメリカで自然発生
先祖	不明
体型	セミコビータイプ
頭の形	丸みを帯びた幅広
体重	オス3〜6kg メス3〜5kg
毛種	短毛種
毛色	多くの色

- ブラック
- ホワイト
- チョコレート
- シナモン
- レッド
- ブルー
- ライラック
- フォーン
- クリーム

パターン 多くのパターン

- ソリッド
- タビー
- シルバー&ゴールデン
- スモーク&シェーデッド
- パーティカラー
- キャリコ&バイカラー
- タビー&ホワイト
- ポインテッド
- ポインテッド&ホワイト

目色 毛色に準ずる

- サファイアブルー
- イエロー
- ブルー
- ゴールド
- アクア
- オレンジ
- グリーン
- カッパー
- ヘーゼル
- オッドアイ

アメリカンショートヘアー

開拓民とともに
アメリカへ渡り活躍

　17世紀、イギリスからアメリカ大陸へ開拓民が渡った際、船にはネズミ捕りのために猫も乗せられていました。その猫たちは上陸後も、ネズミやヘビなどの害獣・害虫を退治するワーキング・キャットとして活躍しました。

　そして繁殖をくり返すうち、たくましく美しいボディと温厚な性格をもつ猫が選び抜かれ、アメリカを代表する猫として確立しました。

　1906年に「ドメスティックショートヘアー（国産の短毛種）」として登録され、その後「アメリカンショートヘアー」と改名されました。

アメリカンショート
ヘアーといえば？

　アメリカンショートヘアーのパターンといえば、シルバーとブラックの縞模様、シルバータビーが有名です。

　胴体の大きな縞模様と、額にあるM字形の模様、目の外側から後ろに伸びているライン（クレオパトラライン）が特徴で、日本にも古くから輸入され、人気を誇りました。

シルバーパッチドタビー＆ホワイト

ブラウンタビー

子猫のときから、頑丈な体つきで人なつこい性格。物怖じせず環境への順応性もある。

38

American Shorthair

シルバータビー

kitten
ブラウンパッチドタビー

ブルータビー

| アメリカンショートヘアー

(左)(中)(右)とも、シルバータビー

ブラウンタビー

ネズミを捕っていた習性から、運動量が多い猫種なので遊ぶ時間を十分にとりましょう。

レッドタビー

American Shorthair

ブラウンタビー kitten

ブルータビー

ブラック kitten

column

80以上にもなる多彩なカラー！

アメリカンショートヘアーには、シルバータビー以外にも数多くのカラーが存在します。黒白のバイカラー、白一色のホワイト、三毛柄のシルバーパッチドタビー＆ホワイトなど、さまざまなカラーバリエーションも、魅力のひとつでしょう。

41

ワイヤーブラシのような毛をもつ
アメリカンワイヤーヘアー
American Wirehair

突然変異で生まれたゴワゴワ毛の猫

　独特の縮れ毛が魅力の猫、アメリカンワイヤーヘアー。そのもととなった猫『アダム』は、1966年、アメリカ・ニューヨーク州北部の農場で生まれました。両親は、アメリカンショートヘアー。ほかのきょうだい猫とちがい、アダムだけが突然変異によりゴワゴワとした独特の手触りの、縮れた被毛をもっていたのです。

　地元のブリーダーにより、アダムの姉妹猫との交配が行われると、同じように剛毛の子猫が生まれました。これがアメリカンワイヤーヘアーの基礎となり繁殖が進められ、1978年にCFAで公認されました。

Head
丸い頭部。頬骨が高く、顎はしっかり発達している。横から見ると、鼻にはなだらかなくぼみがある。

Ear
耳は中くらいの大きさで、先端は少し丸みがある。両耳は広めの間隔で付いている。

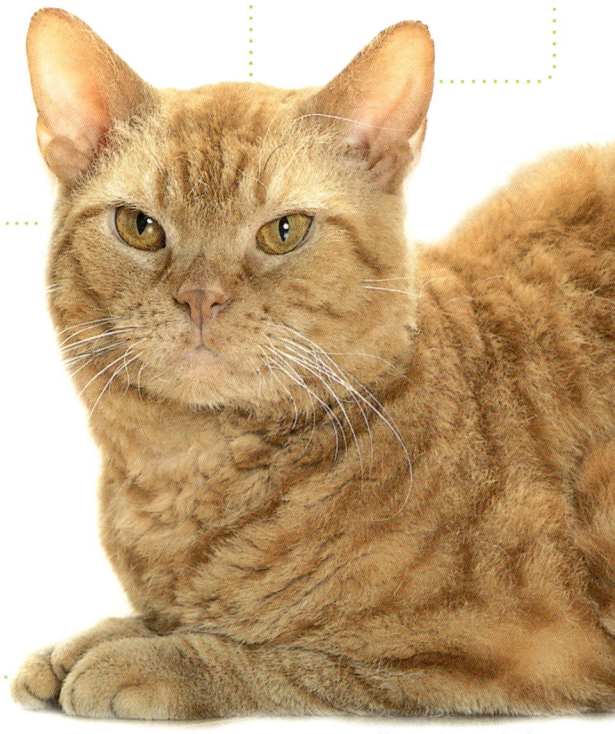

Eye
丸く大きな目。ややつり上がり気味で、両目の間は、適度にあいている。

Leg
脚は中くらいの太さと長さで、ボディに対してバランスがよい。筋肉質。ポウは丸い。

レッドマッカレルタビー

Character Chart

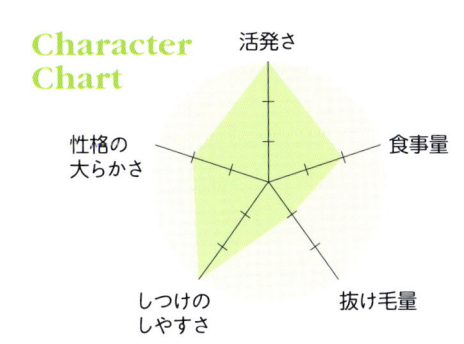

- 活発さ
- 食事量
- 抜け毛量
- しつけのしやすさ
- 性格の大らかさ

Data

原産地	アメリカで突然変異的発生
先祖	アメリカンショートヘアー
体型	セミコビータイプ
頭の形	丸い
体重	オス3〜6kg メス3〜5kg
毛種	短毛種
毛色	多くの色

- ブラック
- ホワイト
- チョコレート
- シナモン
- レッド
- ブルー
- ライラック
- フォーン
- クリーム

パターン 多くのパターン

- ソリッド
- タビー
- シルバー&ゴールデン
- スモーク&シェーデッド
- パーティカラー
- キャリコ&バイカラー
- タビー&ホワイト
- バンカラー
- ポインテッドカラー

目色 毛色に準ずる

- ブルー
- ゴールド
- グリーン
- オレンジ
- ヘーゼル
- オッドアイ

Body
筋肉質でバランスのよい中型のボディ。肩と腰の幅はほぼ均一。立っているときの背中は水平。

Hair
被毛の1本1本が縮れているか、折れ曲がっている。硬いワイヤーブラシのような手触り。

Tail
ボディとバランスがとれた長さの尾。付け根は太く、先端に向かって細くなる。

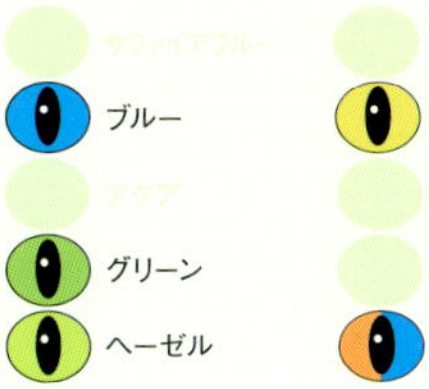

野生の血を継ぐ猫
ベンガル
Bengal

Character Chart

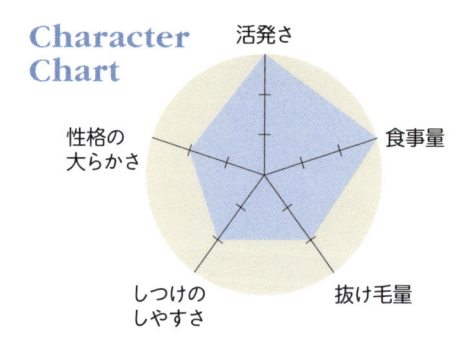

- 活発さ
- 食事量
- 抜け毛量
- しつけのしやすさ
- 性格の大らかさ

Hair
被毛はシルクのようになめらかな手触りで光沢がある。パターンは、スポッテッドか、マーブル。

Body
力強い印象を与える骨太でたくましいボディで、身体能力が高い。

Ear
中くらいの大きさの耳。付け根が広く、先端は丸みがある。

Tail
平均的な長さと太さの尾。付け根は太く、先端は丸みを帯びている。

Leg
中くらいの長さ。前脚よりも後ろ脚が長い。筋肉質でしなやか。脚の指は大きくがっしりしている。

ブラウン
スポッテッドタビー

Head
頭部はわずかに縦長で、丸みのあるくさび型。ボディに対して小さめ。マズルは、幅広で大きい。

Eye
大きめで、少しつり気味のたまご型か、アーモンド型の目。

Data

原産地	アメリカで人為的発生
先祖	アジアンレパード
体型	ロング＆サブスタンシャルタイプ
頭の形	丸みを帯びたくさび型
体重	オス3〜6kg メス3〜5kg
毛種	短毛種
毛色	一部の色

ブラウン　シルバー　チョコレート
シナモン　レッド　ブルー
ライラック　フォーン　クリーム

| パターン | タビーのみ |

ソリッド　タビー　シルバー＆ゴールデン
スモーク＆シェーデッド　パーティカラー　キャリコ＆バイカラー
タビー＆ホワイト　ポインテッド　ポインテッド＆ホワイト

| 目色 | 毛色に準ずる |

- サファイアブルー
- イエロー
- ブルー
- ゴールド
- アクア
- オレンジ
- グリーン
- カッパー
- ヘーゼル
- オッドアイ

野生種の血を継ぐ猫の誕生

　1960年代、アメリカのブリーダーが、野生種のアジアンレパードと、ブラックの猫を掛け合わせ、新品種の開発を始めました。結果、アジアンレパードのスポット模様を受け継ぐ子猫が何匹か生まれましたが、繁殖は一時中断されます。その後1970年代後半になって、アジアンレパードをもとにした新品種の開発が再開します。やがて美しいスポット模様をもつベンガルが生み出され、1983年に、TICAに公式認定されました。

ブラウン スポッテッドタビー

見た目はワイルドで性格はフレンドリー

　がっしりとしたボディ、野性的な顔立ちで、ワイルドな印象のベンガルですが、実は性格はおだやかで、よくなつくペット向きの猫です。

　ただし、たくましく発達したボディからもわかる通り、運動量が多く遊び好き。高いところに上るのも好きなため、上下運動ができるよう、キャットタワーを置くなど、環境を整える必要があります。

ブラウン スポッテッド タビー

Bengal

子猫のときから、運動量が非常に多く遊び好きなので、飼育スペースには十分な広さが必要！

kitten

ブラウン
スポッテッド
タビー

シルバー
スポッテッドタビー

ベンガル

ブラウンマーブルドタビー

ベンガルには、「スポッテッドタビー」のほかに「マーブルドタビー」というパターンがあります。これは、「クラシックタビー」のこと。ベンガルでは、呼び名が異なるのです。

ブラウン
スポッテッドタビー

ブラウンスポッテッドタビー

Bengal

シルバー
スポッテッドタビー

kitten

ブラウン
スポッテッド
タビー

column

ベンガルの祖先 アジアンレパードとは!?

アジアンレパードは、ベンガルヤマネコとも呼ばれ、インドやタイなど東南アジアの森林地帯に生息する野生の猫です。美しい斑点をもち、体重は3〜6kgほどでイエネコとさほど変わりません。猫としては珍しく水を好む習性があります。

気品あふれる"聖なる猫"
バーマン
Birman

Character Chart
- 活発さ
- 食事量
- 抜け毛量
- しつけのしやすさ
- 性格の大らかさ

Tail
尾は中くらいの長さで、ボディとのバランスがよい。ふさふさとした毛に覆われている。

Body
やや長く、筋肉質で重量感があるボディ。がっしりしている。

Ear
耳は中くらいの大きさで、耳の縦と横の長さはほぼ同じ。先端は丸みがある。両耳の間隔は広い。

Hair
シルクのような手触りで、長くて厚みがある被毛。顔のまわりは短めで、お腹のあたりは少しカールしている。

Leg
脚は中くらいの長さで、太い。ポウは大きくて丸い。手袋をしているように白く、前脚をソックス、後ろ脚をレースという。

Head

幅広で丸みを帯びた大きな頭部。鼻が高く（ローマンノーズ）、顎が発達している。

Eye

大きく、ほぼまん丸の目。目と目の間隔は広い。色はサファイアブルーのみ。

ブルーポイント

Data

原産地	ミャンマーで自然発生
先祖	不明
体型	ロング＆サブスタンシャルタイプ
頭の形	丸い
体重	オス3〜6.5kg メス3〜5kg
毛種	長毛種
毛色	多くの色

シール（ブラック）／ホワイト／チョコレート
シナモン／レッド／ブルー
ライラック／フォーン／クリーム

パターン 一部のパターン

ソリッド／スモーク／シェーデッド
スモーク＆ホワイト／パーティカラーポイント／バイカラー
タビー＆ホワイト／ポインテッド／ポインテッド＆ホワイト

目色 サファイアブルーのみ

サファイアブルー

神秘的な風貌には聖なる伝説あり

バーマンは、ミャンマーに古くからいた猫で、その起源は釈迦の誕生より古いといわれています。特徴的なポイントカラーと、グローブと呼ばれる脚先の白い被毛、サファイアブルーの目には、こんな言い伝えが残っています。

昔ミャンマーの寺院では、白い猫が何匹も飼われていました。あるとき寺院は強盗に襲われ、最も位の高い僧が亡くなってしまいます。そのとき1匹の白猫が僧の頭に乗り、青い目の女神像を見つめると、猫の目は女神像のように青く輝きました。そして脚や尾、耳は茶色に変わり、僧の白髪に触れていた脚先だけは白く残ったといいます。

kitten
シールポイント

ヨーロッパへ渡ったバーマン

この聖なる猫・バーマンのペアを、1919年にフランス人がミャンマーから持ち帰ります。帰国の途中でオスは亡くなってしまいますが、メスは幸運なことに妊娠していました。そして無事フランスに渡り、繁殖。1925年にフランスで公認され、世界へ広まりました。

第二次世界大戦で、フランスではバーマンが絶滅の危機に瀕しますが、1955年以降、外国からの輸入により繁殖が再開。1967年、CFAで公認を得ました。

シールポイント

Birman

ブルーポイント

kitten

(左)(右)とも、
シールポイント

子猫のときからおだやかで賢い性格なので、しつけがしやすい猫種。

漆黒ボディに金の目をもつ "小さな黒ヒョウ"

ボンベイ
Bombay

Character Chart

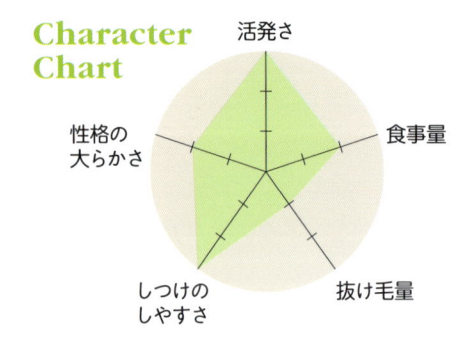

- 活発さ
- 食事量
- 抜け毛量
- しつけのしやすさ
- 性格の大らかさ

Ear
耳は中くらいの大きさ。付け根は幅広く、先端は丸みを帯びている。両耳の間隔は広く、やや前方に傾いている。

Head
平らな部分がなく、どこから見ても丸い頭部。マズルも丸みがある。顎はしっかりと発達している。

Hair
細く短い毛が体に密着して生えている。エナメルのような光沢があり、サテンのように、なめらかな手触り。

Tail
尾は中くらいの長さで、先端に向かって細くなる。

Body
小さくも細くもない中型のボディで、筋肉質。大きさのわりに体は重く、どっしりとしている。

Eye

丸く大きな目。両目の間隔は広い。色は、ゴールドからカッパーの範囲で、深く輝いている。

ブラック

Leg

ボディに対してバランスのよいやや長めの脚。筋肉が発達している。ポウは丸い。

Data

原産地	アメリカで人為的発生
先祖	バーミーズ、アメリカンショートヘアー
体型	セミコビータイプ
頭の形	丸い
体重	オス 3.5〜5.5kg メス 3.5〜5kg
毛種	短毛種
毛色	ブラックのみ

ブラック

パターン ソリッドのみ

ソリッド

目色 ゴールドからカッパー

ゴールド
オレンジ
カッパー

ボンベイ

黒ヒョウへの憧れから作り出される

「黒ヒョウのような猫を作りたい」と考えた、アメリカ・ケンタッキー州のブリーダー、ニッキ・ホーナーは、1953年、セーブルのバーミーズとブラックのアメリカンショートヘアーの交配を試みました。

当初は失敗の連続でしたが、彼女は諦めずに工夫を重ねます。そして1965年、ついに理想の猫を作り出すことに成功したのです。

「ボンベイ」という猫種名は、インドの黒ヒョウによく似たその姿から、インドの都市ボンベイ(現在のムンバイ)の名をとり付けられました。

1976年にCFAで、1979年にTICAで公認されました。

ブラック

子猫のときは、コートは暗め。年齢とともに、鮮やかなブラックになります。

精悍な姿と気品あふれる性格

筋肉質で均整のとれたボディに金色に輝く目。漆黒の被毛は、エナメルのような輝きながら、手触りはサテンのよう。このように、ルックスは迫力満点なボンベイですが、性格は非常に賢くおだやかです。

人との暮らしを考えて作出されたため、アメリカンショートヘアーの落ち着き、バーミーズの人なつこさを兼ねそなえた、ペットとして非常に優秀な猫種です。

ブラック

Bombay

ブラック

kitten
ブラック

働き者のしっかり屋
ブリティッシュショートヘアー
British Shorthair

Head
幅広で丸く、大きい頭部。額は丸みがある。頬は豊満で、顎は発達している。鼻は短め。

Ear
耳は中くらいの大きさで、付け根はやや広く先端は丸い。両耳の間隔は広い。

Tail
尾の長さはボディの２／３ほど。付け根は太く、先端に向かって細くなる。先端は丸みを帯びている。

Body
中型〜大型のボディ。背中はまっすぐで、厚みがありがっしりとしている。

Hair
密度が高く厚みがある被毛。なでると、やや硬めの手触り。

Character Chart

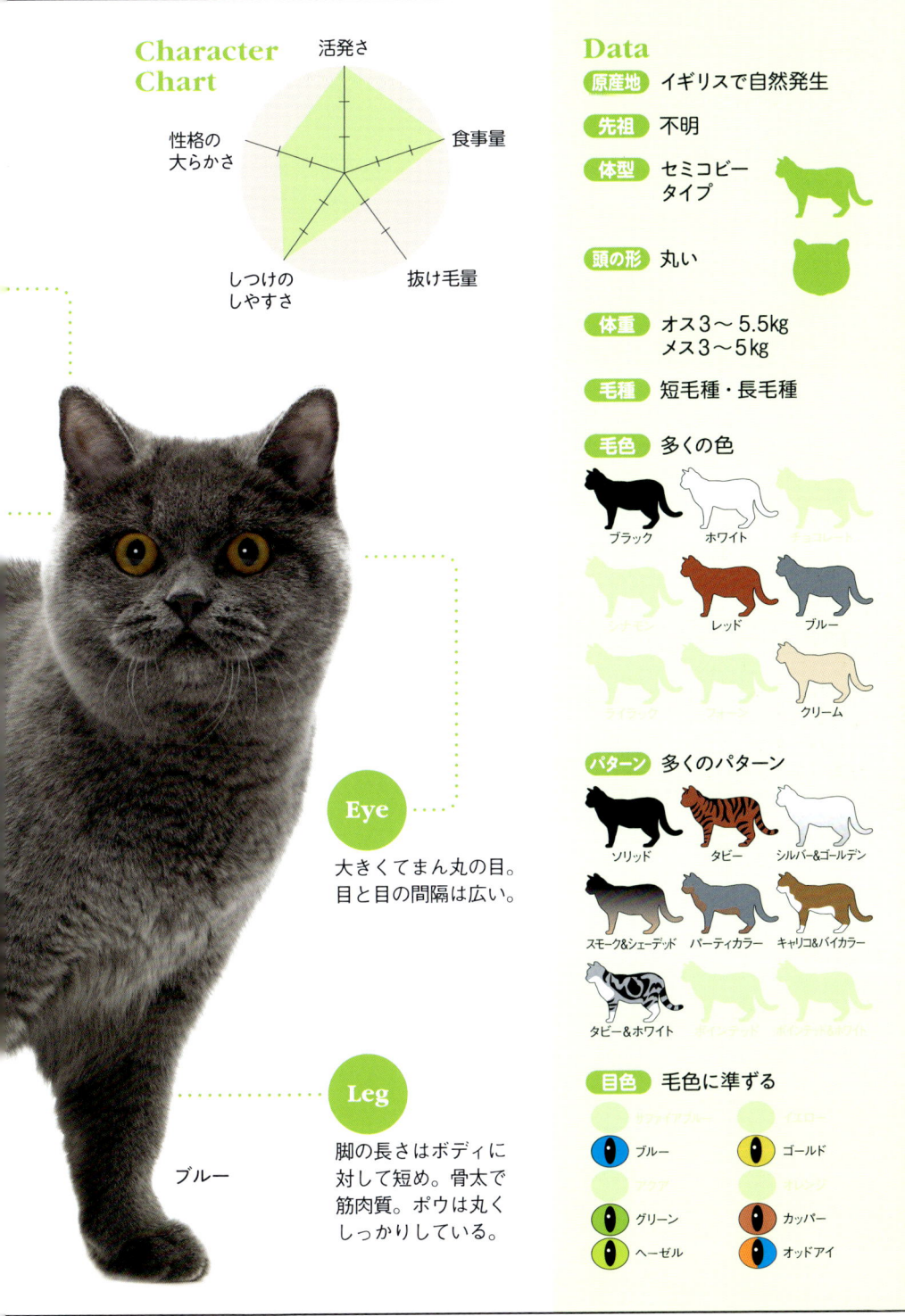

- 活発さ
- 食事量
- 抜け毛量
- しつけのしやすさ
- 性格の大らかさ

Data

原産地	イギリスで自然発生
先祖	不明
体型	セミコビータイプ
頭の形	丸い
体重	オス3〜5.5kg メス3〜5kg
毛種	短毛種・長毛種
毛色	多くの色

- ブラック
- ホワイト
- チョコレート
- シナモン
- レッド
- ブルー
- ライラック
- フォーン
- クリーム

パターン 多くのパターン

- ソリッド
- タビー
- シルバー&ゴールデン
- スモーク&シェーデッド
- パーティカラー
- キャリコ&バイカラー
- タビー&ホワイト

目色 毛色に準ずる

- サファイアブルー
- イエロー
- ブルー
- ゴールド
- アクア
- オレンジ
- グリーン
- カッパー
- ヘーゼル
- オッドアイ

Eye
大きくてまん丸の目。目と目の間隔は広い。

ブルー

Leg
脚の長さはボディに対して短め。骨太で筋肉質。ポウは丸くしっかりしている。

ブリティッシュショートヘアー

イギリス最古の歴史をもつ

ブリティッシュショートヘアーは、約2000年前、古代ローマ人がイギリスに持ち込んだのが始まりとされるイギリスで最も古い品種です。運動能力の高さから、ネズミを捕るワーキング・キャットとして家庭で飼われてきました。

1800年代に入り、ブリーダーが改良を始め、1871年にロンドンのキャットショーで紹介。アメリカでは1980年にCFAで公認されました。

ブルーが代表カラーで、はじめは「ブリティッシュブルー」という名前が付いていたほどですが、今ではあらゆるカラーとパターンが登場しています。

また長毛種のブリティッシュロングヘアーも、TICAで公認を受けています。

ブルー

ひとり遊びも得意なたくましい猫

性格はおだやかで賢く、鳴き声も小さいため、映画やCMなどでも活躍しているブリティッシュショートヘアーですが、たくましい気質もあります。

ワーキング・キャットとしての歴史を物語るように、骨太で筋肉質の丈夫な体と、優れた身体能力をもっていて、人間と遊ぶよりもひとり遊びを好む個体もいます。

ブルー＆ホワイト

British Shorthair

ブルー&ホワイト

kitten

ブラック&ホワイト

ブリティッシュショートヘアー

たくましい体を作るには、高カロリー・高タンパクの食事と十分な運動が大切。

kitten ブラック＆ホワイト

ブラウンパッチド
タビー＆ホワイト

kitten （左）ブルー、（中）ブルー＆ホワイト、（右）ブラック＆ホワイト

British Shorthair

ロングヘアー／
ブルー＆ホワイト

column

交配を重ねて
バリエーション豊富に

ブリティッシュショートヘアーは、血統を存続させるため、多くの品種と交配が行われました。その結果、現在のような体型に、さまざまなカラーが登場。交配の過程でロングヘアーも生まれていましたが、最近まで注目されることはなく、2009年になり、TICAで公認を受けることとなったのです。

kitten （上）ブラック、（下）ブルー

顔も性格も丸いおだやかな猫
バーミーズ
Burmese

Ear
耳は中くらいの大きさ。付け根は幅広く、先端は丸い。両耳の間隔はあいている。

Eye
丸く大きな目。目と目の間隔は広い。色はイエローからゴールドの範囲。

ミャンマーから来た美しい猫

　1930年、アメリカの精神科医のトンプソン博士が、ミャンマーからブラウンのメス猫を持ち帰り、『ウォンマウ』と名付けました。博士は、ウォンマウとサイアミーズを交配させ、さらにその子猫を母猫に戻し交配させると、セピア色の美しい子猫が生まれました。この猫をもとに、サイアミーズやアメリカンショートヘアーなどと掛け合わせて改良したのが、バーミーズです。1936年にCFAで公認されました。

　バーミーズは鳴き声がとても静かで、おだやかなことから、アメリカでは「慈悲深い猫」の異名をもちます。

Head
頭部は丸く、どこから見ても平らな部分がない。横から見ると鼻はゆるやかにカーブしている。

Leg
脚は中くらいの長さで、筋肉が発達している。ポウは丸い。

セーブル

Character Chart

- 活発さ
- 食事量
- 抜け毛量
- しつけのしやすさ
- 性格の大らかさ

Data

原産地	ミャンマーで自然発生
先祖	不明
体型	コビータイプ
頭の形	丸い
体重	オス3～5.5kg メス3～5kg
毛種	短毛種
毛色	一部の色

セーブル　シャンパン　ブルー　プラチナ

パターン	シェーディングのみ

シェーディング

目色	イエローからゴールド

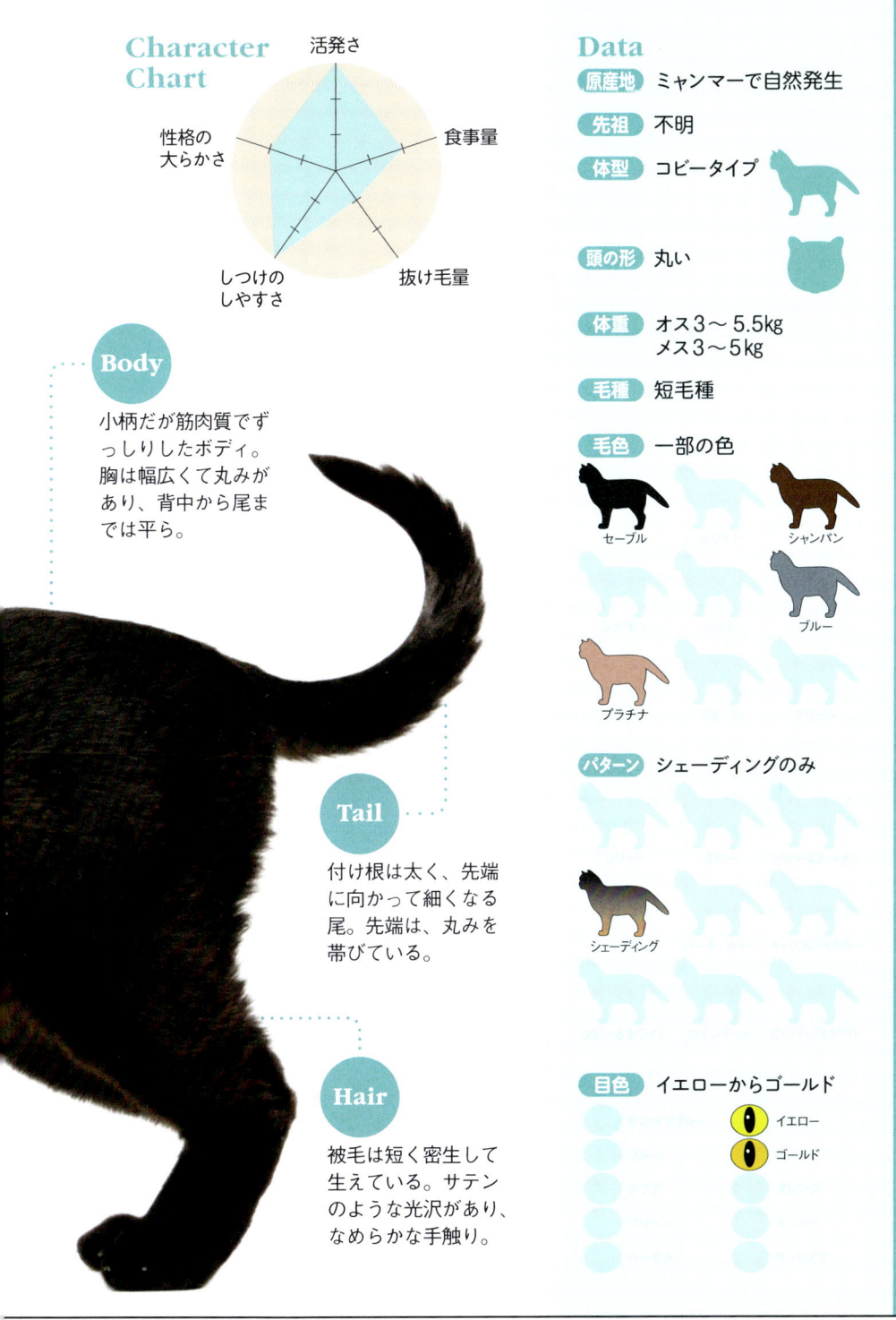

イエロー　ゴールド

Body
小柄だが筋肉質でずっしりしたボディ。胸は幅広くて丸みがあり、背中から尾までは平ら。

Tail
付け根は太く、先端に向かって細くなる尾。先端は、丸みを帯びている。

Hair
被毛は短く密生して生えている。サテンのような光沢があり、なめらかな手触り。

ヨーロピアンバーミーズ

ヨーロッパ生まれのカラフルなバーミーズ

European Burmese

バーミーズから派生して独自に発展

　バーミーズが1948年にイギリスに渡ると、イギリスでも繁殖が行われます。その結果、アメリカの小柄で丸みのあるバーミーズから少し離れ、ややすらりとしたサイアミーズの特徴を感じさせる、ヨーロッパオリジナルのバーミーズが誕生したのです。

　ヨーロピアンバーミーズは、バーミーズにはないレッドの遺伝子をもつことにより生まれたカラフルな毛色が魅力のひとつです。バーミーズは公認色が4色なのに対し、ヨーロピアンバーミーズは11色が公認されています。

Eye
上側はわずかにカーブし、下側は丸い形をした大きな目。両目の間隔は広い。色は、イエローからアンバーの範囲。

Ear
耳は中くらいの大きさで、付け根が広く、先端はやや丸い。わずかに前傾している。耳と耳の間はあいている。

Head
頭部はやや丸く、幅広で短めのくさび型。頬は幅広で、輪郭全体はゆるやかに丸みがある。

Leg
脚は長くほっそりとしていて、ボディとバランスがとれている。ポウは小さなたまご型。

トーティシェル

Character Chart

- 活発さ
- 食事量
- 抜け毛量
- しつけのしやすさ
- 性格の大らかさ

Body

中型で筋肉質のしっかりしたボディ。見た目より重い。胸は厚く、横から見ると丸みがある。

Tail

中くらいの長さの尾。先端に向かってやや細くなる。先端は丸みを帯びている。

Hair

被毛は短く密生して生えている。サテンのような光沢があり、なめらかな手触り。アンダーコートはほぼない。

Data

原産地	ミャンマーで自然発生
先祖	不明
体型	コビータイプ
頭の形	丸みを帯びたくさび型
体重	オス3〜5.5kg メス3〜5kg
毛種	短毛種
毛色	一部の色

- ブラウン
- チョコレート
- レッド
- ブルー
- ライラック
- クリーム

パターン　ソリッド、パーティカラーのみ

- ソリッド
- パーティカラー

目色　イエローからアンバー

- イエロー
- ゴールド
- アンバー

フランス生まれの"微笑み猫"
シャルトリュー
Chartreux

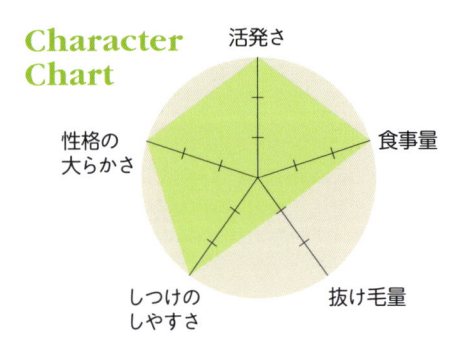

Character Chart

- 活発さ
- 食事量
- 抜け毛量
- しつけのしやすさ
- 性格の大らかさ

Eye
目は大きくて丸く、見開いている。色は、ゴールドからカッパーの範囲で、深く輝くオレンジが好まれる。

Body
大きくてがっしりしたボディ。肩幅が広く胸は厚みがある。

Hair
やや短めで、羊毛のような手触りの被毛。密度が高く、水を弾く性質がある。カラーは、ブルーグレーのみ。

Tail
中くらいの長さの尾。付け根は太く、先端に向かって細くなる。先端は、やや丸みがある。

Leg
ボディに対してやや短めの脚。骨格は細いが、まっすぐでしっかりしている。ポウは丸い。

Ear
耳は中くらいの大きさで、先端は丸い。頭の高い位置に垂直に付いている。

Head
頭部は幅広で丸みがあるが、球体ではない。頬はたっぷりと大きく、顎はしっかりしている。マズルは小さめ。

ブルー

Data

原産地	フランスで自然発生
先祖	不明
体型	セミコビータイプ
頭の形	丸みを帯びた幅広
体重	オス4〜6.5kg メス3〜5kg
毛種	短毛種
毛色	ブルーのみ
パターン	ソリッドのみ
目色	ゴールドからカッパー

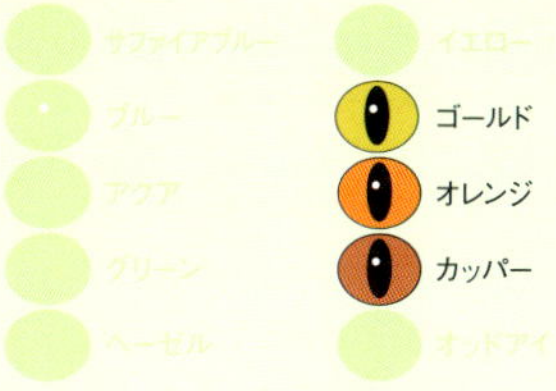

- ゴールド
- オレンジ
- カッパー

シャルトリュー

美しい被毛から
乱獲された過去も

　シャルトリューの起源ははっきりしていませんが、シリアや地中海沿岸の土着猫が、500年ほど前に商人によってフランスに持ち込まれたのが始まりとされています。

　その後ネズミ捕りをするワーキング・キャットとしてフランスに広まっていきました。

　シャルトリューという名前の由来は、シャルトリュー派の修道院で飼われていたからなど、さまざまな説があります。

　ブルーの被毛は、美しい色合いに加え、高密度で暖かく、水を弾く特性から、優秀な毛皮としても取引されました。乱獲により、第二次世界大戦の折には絶滅の危機に瀕しましたが、フランス・ブルターニュに住むレジェ姉妹が、生き残っていた数匹を保護し、繁殖させました。

　1960年代後半にはアメリカに渡り、世界的に知られるようになります。1987年、CFAに公認されました。

おだやかな表情の
癒し系猫

　マズルが小さく、頬が発達したその顔立ちは、まるでいつも微笑んでいるかのよう。おっとりとして、頭がよく、犬のように従順な性格といわれます。小さな声でかわいらしく鳴くのも、人気のポイントです。

ブルー

kitten
ブルー

Chartreux

ブルー

ブルー

kitten

シャルトリュー

ブルー

kitten ブルー

ブルー

Chartreux

大きくてがっしりとした体型ながら、運動は非常に得意。

🐾 kitten ブルー

column

たくさんのニックネームが‼

「フランスの笑う猫」、「修道院の猫」、「犬のような猫」など、さまざまなニックネームがあるのも、シャルトリューが世界中で愛されている証拠。後ろ脚で立つのが得意で、前脚で手招きするようなしぐさをすることから「ベアキャット」という愛称もあります。

🐾 kitten 成長するにつれ、瞳の色は澄み、シャープな顎はしっかりとします。

ブルー

波打つ縮れ毛をもつスレンダー猫
コーニッシュレックス
Cornish Rex

Hair
縮れた短い毛が体に密着して生えている。やわらかくシルクのような手触り。ヒゲも縮れている。

Head
頭部は小さめで丸みがある、やや縦長のたまご型。頬骨が高く、くぼみがある。マズルは幅がせまくて丸い。

Ear
付け根が広がった円錐形の大きな耳。頭の高い位置に垂直に付く。

Tail
長くて細い尾。先端に向かってさらに細くなる。しなやかに動く。

Leg
とても長くほっそりとして筋肉質な脚。

レッド＆ホワイト

Character Chart

- 活発さ
- 食事量
- 抜け毛量
- しつけのしやすさ
- 性格の大らかさ

Data

原産地	イギリスで突然変異的発生
先祖	不明
体型	オリエンタルタイプ
頭の形	たまご型
体重	3〜4kg
毛種	短毛種
毛色	多くの色

- ブラック
- ホワイト
- チョコレート
- レッド
- ブルー
- ラベンダー
- クリーム

パターン すべてのパターン

- ソリッド
- タビー
- シルバー&ゴールデン
- スモーク&シェーデッド
- パーティカラー
- キャリコ&バイカラー
- タビー&ホワイト
- ポインテッド
- ポインテッド&ホワイト

目色 毛色に準ずる

- ブルー
- ゴールド
- グリーン
- ヘーゼル
- オッドアイ

Eye
比較的大きめで、つり上がったたまご型の目。目と目の間隔はあいている。

Body
小型〜中型くらいで、ボディは長くほっそりしている。背中はゆるやかなカーブを描く。

75

コーニッシュレックス

突然変異で生まれた縮れ毛の猫が祖先

　1950年、イギリス・コーンウォール州の農家で、短毛種の猫『セレナ』が産んだ子猫のなかに、1匹だけ全身の毛が縮れた猫がいました。

　その猫は、『カリバンカー』と名付けられました。

　飼い主のニーナ・エニスモアは、この縮れ毛の猫の繁殖を計画し、カリバンカーをセレナに戻して交配したところ、また縮れた毛の子猫が生まれたのです。

　その後、ブリティッシュショートヘアーやバーミーズとも掛け合わせ、コーニッシュレックスの基礎が作られました。

kitten キャリコ

さまざまな猫種との交配

　コーニッシュレックスは、その後1957年にアメリカに渡ったのち、さらにサイアミーズやオリエンタルとも交配され、骨格の細いスレンダーな体型が作られていきました。

　コーニッシュレックスという猫種名は、セレナの出身地・コーンウォール州の名称と、ニーナ・エニスモアがウサギを繁殖していた経験から縮れ毛のウサギ「アストレックス種」とをかけて、名付けられました。

kitten ブラック

Cornish Rex

（左）（右）とも、
シールポイント
＆ホワイト

kitten

やわらかく細い被毛は、アンダーコートがほぼありません。とくに子猫のうちは、冬場の温度管理に注意。

レッドタビー

77

妖精のように愛らしいカーリーヘアー

デボンレックス
Devon Rex

Character Chart

- 活発さ
- 食事量
- 抜け毛量
- しつけのしやすさ
- 性格の大らかさ

Ear
根元が幅広く、非常に大きな耳。低くてやや離れた位置に張り出して付いている。

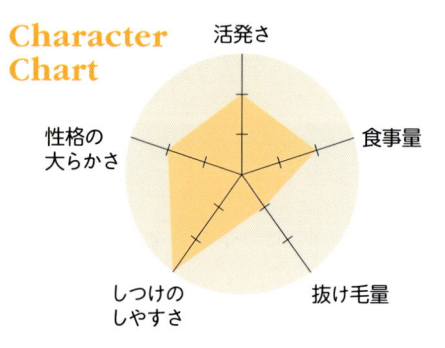

Body
中型でスレンダーだが筋肉質なボディ。胸の幅は広い。

Hair
ゆるやかに縮れた短い毛が体に密着して生えている。なめらかでスエードのような手触り。

Tail
長く細い尾。先端に向かって細くなる。短い毛で覆われている。

ゴールドアイドホワイト

Head
小さい頭は、幅広でやや丸みのあるくさび型。マズルは発達していて、顎は短い。

Eye
たまご型で大きな目。ややつり上がり気味で、両目の間隔は広い。

Leg
ほっそりとして長く、後ろ脚のほうがより長い。ポウは、小さなたまご型。

Data

原産地	イギリスで突然変異的発生
先祖	不明
体型	セミフォーリンタイプ
頭の形	くさび型
体重	3〜5kg
毛種	短毛種

毛色 すべての色
- ブラック
- ホワイト
- チョコレート
- シナモン
- レッド
- ブルー
- ラベンダー
- フォーン
- クリーム

パターン すべてのパターン
- ソリッド
- タビー
- シルバー&ゴールデン
- スモーク&シェーデッド
- パーティカラー
- キャリコ&バイカラー
- タビー&ホワイト
- ポインテッド
- ポインテッド&ホワイト

目色 毛色に準ずる
- サファイアブルー
- イエロー
- ブルー
- ゴールド
- アクア
- オレンジ
- グリーン
- カッパー
- ヘーゼル
- オッドアイ

デボンレックス

偶然発見された縮れた毛をもつ新種

1960年、イギリス・デボン州で、縮れた毛をもつ猫が保護されました。発見者のベリル・コックスが、この猫と飼っていた猫を交配させると、縮れ毛の子猫が生まれたのです。

『カーリー』と名付けられたこの子猫をもとに、同じイギリス国内で生まれ、当時繁殖が盛んになっていた縮れ毛の猫、コーニッシュレックスとの交配が行われました。しかし、結果は失敗に終わります。生まれた子猫はすべて直毛だったのです。これにより、コーニッシュレックスとデボンレックスの縮れた毛の遺伝子は別のものであることがわかりました。

やがてアビシニアンやコラットなどとの交配を経て、独自の毛質をもつデボンレックスが確立。1979年に、CFAに公認されました。

コーニッシュレックスとの毛質のちがい

デボンレックスの被毛は、コーニッシュレックスと一見よく似て見えますが、毛の縮れ方が大きくちがいます。デボンレックスは、コーニッシュレックスよりもカールが弱く、ゆるくウェーブした毛質です。

触り心地にもちがいがあり、デボンレックスはスエード、コーニッシュレックスはシルクにたとえられます。

kitten ブルータビー＆ホワイト

クリームタビー

Devon Rex

子猫の頃からブラッシングをしすぎると、カールがとれてしまうので注意。

kitten シルバータビー&ホワイト

シルバーパッチドタビー&ホワイト

エジプト発祥の高貴な猫
エジプシャンマウ
Egyptian Mau

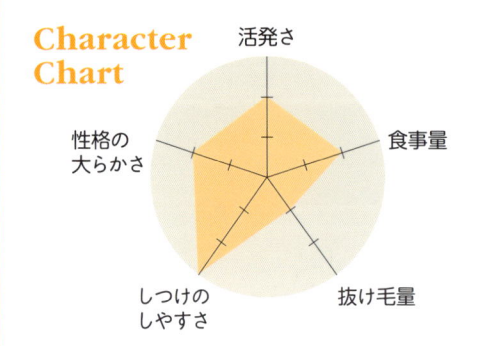

Character Chart

- 活発さ
- 食事量
- 抜け毛量
- しつけのしやすさ
- 性格の大らかさ

Body
中型で筋肉質。引き締まったボディ。わき腹から膝にかけて、皮膚が垂れ下がっている。

Hair
被毛はシルクのような光沢があり、なめらかな手触り。ボディのスポット模様と首のネックレス状の模様が特徴。

Tail
中くらいの長さの尾。付け根は太く、先端に向かってやや細くなる。

シルバー

Head
頭部は自然な丸みのあるくさび型で平らな面がない。横から見て、額から鼻のラインはなだらか。

Ear
付け根が広く、カップ状でやや大きめの耳。耳と耳の間隔は広い。

Eye
丸く大きな、アーモンド型の目。耳に向かい、わずかに傾いている。色は、明るいグリーンのみ。

Leg
脚はボディとバランスがとれた長さ。筋肉が発達して引き締まっている。ポウは丸いたまご型。

Data

原産地	エジプトで自然発生
先祖	不明
体型	セミフォーリンタイプ
頭の形	幅広・平面がないくさび型
体重	オス3〜5kg メス3〜4kg
毛種	短毛種
毛色	スモーク、ブロンズ、シルバー

スモーク　シルバー　チョコレート
ブロンズ　レッド　シルバー
ライラック　フォーン　クリーム

| パターン | スポッテッドタビーのみ |

タビー（スポッテッド）

| 目色 | グリーンのみ |

グリーン

エジプシャンマウ

亡命中のロシア王女によって見出された

「マウ」とは、エジプトの言葉で「猫」を表します。その名の通り、エジプト発祥の、長い歴史をもつ猫です。

　始まりは、紀元前数千年ともいわれています。古代エジプトのピラミッドの壁画には、エジプシャンマウと思われる斑点模様の猫が描かれているほか、よく似た骨格の猫のミイラも残っています。

　その歴史ある猫が世界的に知られるきっかけとなったのは、1953年。ローマに亡命していたロシアのナタリー王女が、エジプトからメスのエジプシャンマウを手に入れました。そしてその猫とイタリアのオス猫を交配して生まれた子猫が、1955年にローマのキャットショーにデビューしたのです。翌年の1956年には、ナタリー王女が3匹の猫を連れてアメリカに移住したことでアメリカでも紹介され、人気の猫となります。1977年、CFAに公認されました。

野性的な魅力も備えたスーパーキャット

　エジプシャンマウの美しいスポット模様は、血統猫のなかでは唯一、人為的な力が加えられていない自然な繁殖によるものです。また、身体能力が非常に高く、走る速さは時速48キロ。イエネコでは最速の俊足を誇ります。

シルバー

シルバー

Egyptian Mau

ブロンズ

シルバー

愛きょう抜群！ ぬいぐるみのような猫
エキゾチック
Exotic

Ear
耳は小さく、先端は丸みがある。前方に傾き、頭の低い位置に離れて付いている。

Head
頭部は幅広で丸く、どっしりとしている。鼻は短く、横から見ると、額、鼻、顎はまっすぐにならぶ。

Body
中型で幅広くどっしりしているボディ。筋肉質で、とくに肩から腰にかけては重量感がある。

Eye
まん丸で大きく見開かれた目。水平でつり上がっていない。目と目の間隔はあいている。

Leg
脚はボディに対して太く短く、しっかりしている。ポウは大きく丸い。

ブルータビー
＆ホワイト

Character Chart

- 活発さ
- 食事量
- 抜け毛量
- しつけのしやすさ
- 性格の大らかさ

Data

原産地	アメリカで人為的発生
先祖	ペルシャなど
体型	コビータイプ
頭の形	幅広で丸い
体重	オス3〜5.5kg／メス3〜4kg
毛種	短毛種・長毛種
毛色	すべての色

ブラック　ホワイト　チョコレート
シナモン　レッド　ブルー
ライラック　フォーン　クリーム

パターン	多くのパターン

ソリッド　タビー　シルバー&ゴールデン
スモーク&シェーデッド　パーティカラー　キャリコ&バイカラー
タビー&ホワイト　ポインテッド

目色	毛色に準ずる

ブルー　ゴールド
グリーン　カッパー
ヘーゼル　オッドアイ

Hair

ショートヘアーの場合、短毛種のなかでは長め。アンダーコートに厚みがあるので、やわらかく、ふかふかとした手触り。

Tail

短いがボディとのバランスがよい尾。背中より低い位置から、まっすぐに垂れている。

エキゾチック

ペルシャの特徴を受け継いだ短毛種

　エキゾチックは、ペルシャが短毛になった猫です。

　1960年代、ペルシャのブリーダーだったキャロライン・バッシイが、ペルシャとバーミーズを交配。するとペルシャの丸く愛らしい顔の特徴を受け継いだ、短毛の猫が生まれました。さらにアメリカンショートヘアーやブリティッシュショートヘアーとの交配を重ねます。

　一時は体型がペルシャと離れたものになり、ペルシャのブリーダーから非難を受けたことも。しかし優秀なペルシャと掛け合わせることで、その問題を解決。1966年に、「エキゾチックショートヘアー」としてCFAで公認され、1987年に「エキゾチック」と改められました。

怠け者でも飼える？被毛の手入れは楽

　長い毛がゴージャスなペルシャに対して、短毛のエキゾチックには「パジャマ姿のペルシャ」という愛称があります。

　エキゾチックの被毛は、長めの短毛で、とてもなめらか。ペルシャほど毛がもつれないので、グルーミングは週2回ほどで問題ありません。

　この手入れが楽なところも、長所のひとつ。親しみを込めて「怠け者用のペルシャ」と呼ばれることもあります。

kitten
ブラック＆ホワイト

kitten
ロングヘアー／レッドタビー

性格は子猫のときからのんびり屋。

Exotic

ブラウンパッチドタビー&ホワイト

ブルーポイント

kitten

シールポイント

89

エキゾチック

レッド
マッカレルタビー
＆ホワイト

シールリンクスポイント

ブルータビー
＆ホワイト

Exotic

column

エキゾチックには
ロングヘアーもいる

エキゾチックの交配では、ロングヘアーも生まれます。これらの猫は、繁殖や血統登録が認められていますが、CFAではスタンダードとして認められていません。TICAでは、ロングヘアーのエキゾチックは、ペルシャとして公認されています。

ロングヘアー／ブラック＆ホワイト

ブラウンタビー＆ホワイト

日本生まれの丸しっぽ猫
ジャパニーズボブテイル
Japanese Bobtail

Ear
まっすぐ立つ大きな耳。離れた位置に、やや前傾して付いている。

Head
逆三角形で、ゆるやかな丸みがある。頬骨が高い。鼻は長く、鼻の先端から額まではまっすぐに通っている。

Eye
幅広でたまご型の大きな目。ややつり上がっている。両目の間隔は広い。

Hair
なめらかでシルクのような手触り。アンダーコートはほとんどない。短毛と長毛がいる。

Leg
ほっそりとして長めの脚。前脚より後ろ脚のほうが長い。ボウは中くらいの大きさで、たまご型。

ロングヘアー／ブラック＆ホワイト

Character Chart

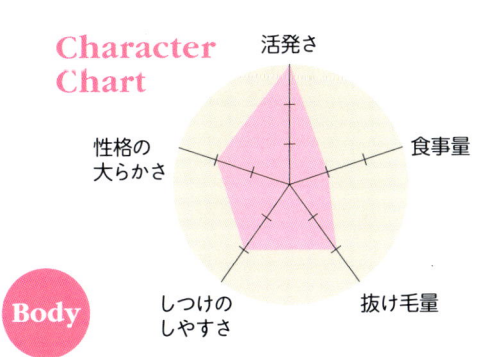

- 活発さ
- 食事量
- 抜け毛量
- しつけのしやすさ
- 性格の大らかさ

Body
中型で胴体は長く、しなやか。筋肉はよく発達している。全体的なバランスがよい。

Tail
短い尾。長さはまっすぐにした場合、5〜7cmほどで、丸く巻き込まれている。

Data

原産地	短毛種は日本で自然発生、長毛種はアメリカで突然変異的発生
先祖	不明
体型	フォーリンタイプ
頭の形	逆三角形
体重	3〜4.5kg
毛種	短毛種・長毛種
毛色	多くの色

毛色: ブラック、ホワイト、チョコレート、シナモン、レッド、ブルー、ライラック、フォーン、クリーム

パターン: 多くのパターン
- ソリッド
- タビー
- シルバー&ゴールデン
- スモーク&シェーデッド
- パーティカラー
- キャリコ&バイカラー
- タビー&ホワイト
- ポインテッド
- ポインテッド&ホワイト

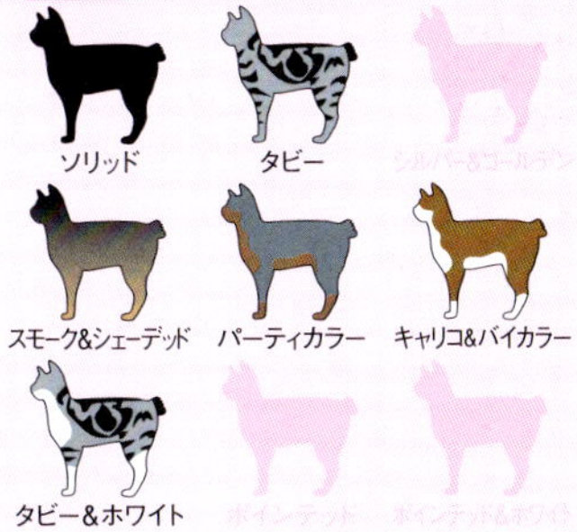

目色: 毛色に準ずる
- サファイアブルー
- イエロー
- ブルー
- ゴールド
- アクア
- オレンジ
- グリーン
- カッパー
- ヘーゼル
- オッドアイ

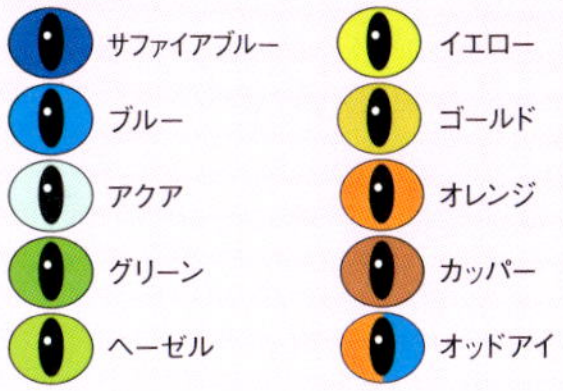

ジャパニーズボブテイル

1000年以上の歴史をもつ日本猫

　もとは中国から日本へ渡ってきて定着し、日本で1000年以上飼われていた家庭猫です。浮世絵などの美術品にも何度も登場する人気者でした。

　1968年、アメリカのジュディ・クロフォードがこの短い尾をもつ猫に注目し、ペアをアメリカに送ったことで、開発が始まります。1970年には愛好会が作られ、1976年にCFAで認定されました。

　さらに1992年になると、短毛種に続き長毛種も公認を受けました。丸い尾がより強調された愛らしい姿が人気を集めています。

性格もよく体も丈夫な優等生

　ジャパニーズボブテイルは基礎体力が高く、病気にも強い品種です。ほかの種に比べ子猫の死亡率が低く、歩行などを開始する時期も早いのが特徴。

　性格はおだやかで人見知りせず、ほかの動物ともうまく付き合える順応性があります。抜け毛が少ないのでグルーミングの手間もかかりません。この飼いやすさが、日本で長い間飼われ、愛されているゆえんでしょう。

　ちなみに、日本の招き猫のモデルになっているのも、この猫だといわれています。

kitten　ミケ

kitten　ダイリュートミケ

Japanese Bobtail

パターンドミケ

kitten
レッドタビー
&ホワイト

ロングヘアー／クリーム＆ホワイト

95

ジャパニーズボブテイル

ブルー

ブラウン
パッチドタビー

性格は人なつこく、
愛きょうがあります。
順応性が高いのも特
徴のひとつ。

ロングヘアー／ミケ

Japanese Bobtail

column

日系アメリカ猫のジャパニーズボブテイル

1968年に日本からアメリカへ渡り、繁殖が進められたジャパニーズボブテイルは、毛色の呼び方も日本流。三毛柄の猫は、「ミケ（MI-KE）」と呼ばれ、アメリカやヨーロッパでも大人気です。

ダイリュートミケ

kitten
（右）クリーム＆ホワイト
（左）ロングヘアー／ブラック＆ホワイト

幸福を招く"ブルーキャット"
コラット

Korat

Character Chart

- 活発さ
- 食事量
- 抜け毛量
- しつけのしやすさ
- 性格の大らかさ

Tail
中くらいの長さの尾。付け根は太く、先端に向かって細くなる。先端は丸みを帯びている。

Body
中型で筋肉質、引き締まったしなやかなボディ。見た目よりもずっしりと重い。背はカーブを描いている。

Leg
がっしりとした脚でボディとよくバランスがとれている。ポウはたまご型。

ブルー

Head
頭部は前から見るとハート型をしている。顎は強く発達していて、四角くも、とがってもいない。

Ear
耳は大きく、付け根は広がっていて、先端が丸くなっている。頭の高い位置に付いている。

Eye
大きく見開き、輝きのある目。色は、深く輝くグリーン。目と目の間隔は広く、眉は隆起している。

Hair
短くて細い、シングルコートの被毛。光沢があり、体に密着して生えている。サテンのような手触り。

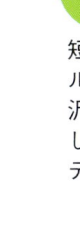

Data

原産地	タイで自然発生
先祖	不明
体型	セミコビータイプ
頭の形	ハート型
体重	3～4.5kg
毛種	短毛種
毛色	ブルーのみ

ブルー

パターン ソリッドのみ

ソリッド

目色 グリーンのみ

グリーン

タイを代表する由緒ある猫

　コラットは、タイ北東部のコラット地方で、古くから「幸福と繁栄をもたらす」と信じられ、大切にされてきた猫です。アユタヤ王朝時代に書かれた書物『キャット・ブック・ポエム』にも記述が残っています。

　ハート型の顔は「愛」の象徴とされ、タイでは婚礼祝いにペアのコラットを贈られると、幸せな結婚を約束されると信じられています。

　1800年代後半に、イギリスのキャットショーに登場しますが、当時はサイアミーズのソリッド・ブルーとして紹介されました。その後1959年に、アメリカのジーン・ジョンソンがコラットのペアを輸入し、本格的な繁殖が開始されます。1965年にはコラットのクラブが設立され、翌1966年、CFAで公認されました。

ブルー

ブルーキャット御三家の一角をなす

　コラットの特徴である、シルバーを帯びたブルーの被毛は、「硬貨」や「恵みの雨をもたらす雨雲」にたとえられ、富の象徴として愛されてきました。

　ブルーの被毛が特徴的な、シャルトリュー、ロシアンブルーとならび、「ブルーキャット御三家」の一員です。

ブルー

Korat

ブルー

ブルー

子猫のうちは、まだ毛質ができあがっていないため、ブルーに輝く光沢は見られません。

パーマをかけたような巻き毛の猫
ラパーマ
La Perm

Head
頭部は丸みを帯びたくさび型。マズルは丸みがあり幅広。顎はしっかりしている。

Leg
中くらいの長さで、ボディに対してバランスがよい脚。筋肉が付き、ほっそりとしている。ポウは丸い。

Tail
中くらいの長さの尾。先端に向かって細くなる。

Character Chart

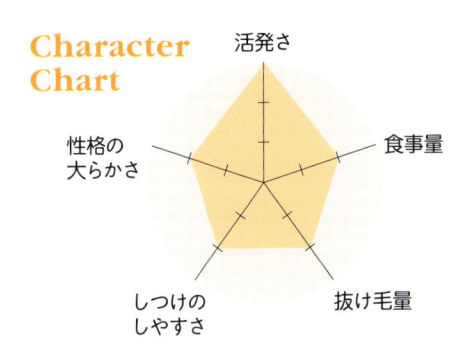

- 活発さ
- 食事量
- 抜け毛量
- しつけのしやすさ
- 性格の大らかさ

Data

原産地	アメリカで突然変異的発生
先祖	不明
体型	セミフォーリンタイプ
頭の形	丸みを帯びたくさび型
体重	オス3〜5.5kg メス2.5〜4.5kg
毛種	短毛種・長毛種

毛色 すべての色
- ブラック 
- ホワイト
- チョコレート
- シナモン
- レッド
- ブルー
- ラベンダー
- フォーン
- クリーム

パターン すべてのパターン
- ソリッド  
- タビー
- シルバー&ゴールデン
- スモーク&シェーデッド
- パーティカラー
- キャリコ&バイカラー
- タビー&ホワイト
- ポインテッド
- ポインテッド&ホワイト

目色 多くの色
- サファイアブルー
- イエロー
- ブルー
- ゴールド
- アクア
- オレンジ
- グリーン
- カッパー
- ヘーゼル
- オッドアイ

Eye
アーモンド型の大きな目。ややつり上がり気味で、目と目の間隔は広い。耳の付け根に向かって、やや傾きがある。

Ear
中くらいで、カップ状の耳。やや横に広がっていて、顔のラインの延長線上に位置する。

Body
中型でほっそりとしているボディ。背中は、尾に向かってやや高くなっていく。

Hair
軽やかで弾力のある手触りの被毛。体から立ち上がるようにカールしている。短毛と長毛がいる。

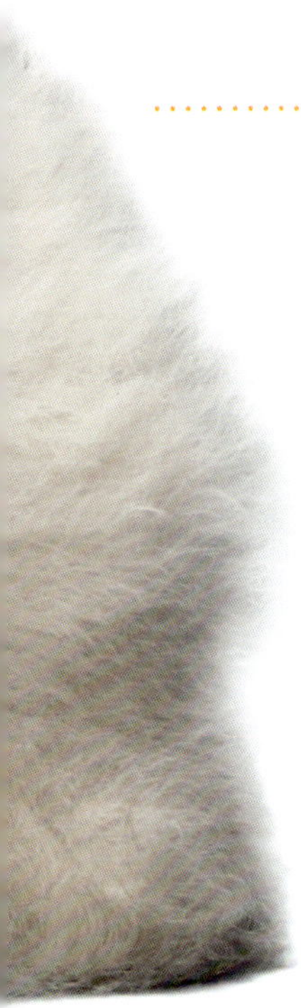

ロングヘアー／トーティポイント

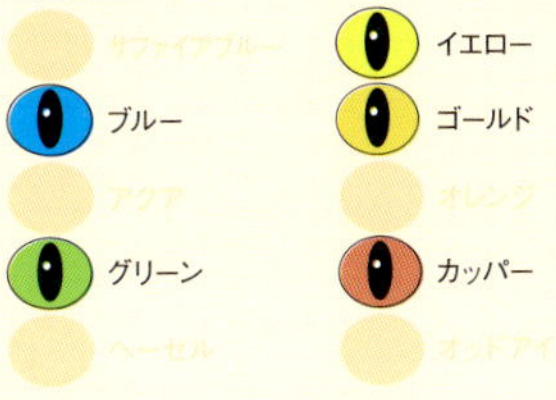

ラパーマ

突然変異で生まれた縮れ毛の新種

　1982年、アメリカ・オレゴン州の農家で6匹の子猫が生まれましたが、そのうちの1匹が無毛の子猫でした。生後しばらく経つと、その子猫から、縮れた毛が生えました。突然変異で生まれたこの猫は『カーリー』と名付けられます。やがて成長したカーリーは、縮れ毛の子猫を生みました。

　飼い主のコール夫妻は、この縮れ毛の猫の繁殖を開始。キャットショーへ連れていくと、ほかの縮れ毛の品種（コーニッシュレックスなど）とはまた別種の毛の遺伝子をもった新種の猫として注目され、本格的な繁殖が行われるようになりました。

　ラパーマという名は、パーマをかけたようなこの猫独特のカーリーヘアーに由来しています。

無毛で生まれる!? カーリーヘアーの秘密

　ラパーマの子猫は、しばしば無毛の状態で生まれます。やがてカールした毛が生えてきて、1年も経てばラパーマらしいふわふわの被毛が完成します。

　被毛の手入れは非常に重要で、専用の目の粗いコームでとかすと、カールをよい状態で保てます。ただし、ショートヘアーの場合は、毎日手入れをしなくても大丈夫です。

kitten
ロングヘアー／
ブルーパッチドタビー

ロングヘアー／
シルバー
マッカレルタビー
＆ホワイト

La Perm

ロングヘアー／
ブラックスモーク

（右）（左）とも、
ロングヘアー／
ブラック

kitten

ラパーマ

ロングヘアー／
ブラウンマッカレルタビー

生まれたばかりの子猫
は、毛があまりカール
していません。

ロングヘアー／
トーティシェル

ロングヘアー／
シールリンクス
ポイント

La Perm

被毛は、体から立つ
ように生えています。

ロングヘアー／
ブラウン
マッカレルタビー

ロングヘアー／
ブラウン
マッカレルタビー

ロングヘアー／
シルバー
マッカレルタビー
＆ホワイト

column

直毛？　縮れ毛？
不思議に変化する被毛

ラパーマは、ときには、無毛や直毛で生まれ、成長して縮れ毛になることも。逆に縮れ毛が生えた状態で生まれ、途中で直毛になり、また縮れ毛に戻るというケースもあります。

純血種最大の大型猫
メインクーン
Maine Coon

Character Chart

- 活発さ
- 食事量
- 抜け毛量
- しつけのしやすさ
- 性格の大らかさ

Head
頭部はやや縦長のくさび型。頬骨が高く、マズルは四角くて力強い印象。顎がしっかりしている。

Body
ボディは長く中型～大型。胸もとが広く、太い骨格をもつ。筋肉が付きがっしりしている。

Hair
被毛の量は多く、ふさふさとしてシルクのような、なめらかな手触り。毛の長さはふぞろいで、肩は短く、背中から後ろにいくほど長くなる。

Tail
尾の付け根は幅広く、先端に向かって細くなる。長い毛がすらりと垂れ下がっている。

レッドタビー

Ear
根元が広く、大きな耳。先はとがっている。両耳は、耳ひとつ分離れている。先端にはタフトがある。

Eye
たまご型の大きな目。耳の付け根（外側）に向かいわずかにつり上がる。目と目の間隔はあいている。

Leg
中くらいの長さの脚。がっしりとして幅広く、まっすぐ。ポウは大きく丸い。

Data

原産地	アメリカで自然発生
先祖	不明
体型	ロング＆サブスタンシャルタイプ
頭の形	幅広・丸みを帯びたくさび型
体重	オス 3.5〜6.5kg メス 3〜6kg
毛種	長毛種
毛色	多くの色

ブラック　ホワイト　チョコレート
シナモン　レッド　ブルー
ライラック　フォーン　クリーム

パターン 多くのパターン

ソリッド　タビー　シルバー＆ゴールデン
スモーク＆シェーデッド　パーティカラー　キャリコ＆バイカラー
タビー＆ホワイト　ポインテッド　ポインテッド＆ホワイト

目色 毛色に準ずる

サファイアブルー　イエロー
ブルー　ゴールド
アクア　オレンジ
グリーン　カッパー
ヘーゼル　オッドアイ

ワーキング・キャットとして活躍

　メインクーンの祖先は、1600年代頃からアメリカでネズミ捕りをするワーキング・キャットとして活躍してきました。

　寒暖の差が激しい風土に耐え、優れた狩猟能力をもつ猫が自然に選び抜かれて、大きくたくましい体をもつメインクーンとなったのです。

　1861年にはじめて、メインクーンはキャットショーに登場しました。1895年には、ニューヨークで開催されたキャットショーで、メインクーンがベストキャットに。しかし、当時はあまり注目されませんでした。

　その後、1950年代にやっとメインクーン協会が設立され、1967年にCFAで血統登録を開始。1985年に公認されました。

オッドアイドホワイト

猫とアライグマの間に生まれた!?

　メインクーンとは、「メイン州（メイン）のアライグマ（クーン）」という意味。その大きな体と、ふさふさとした毛をもつ風貌が、猫とアライグマの混血という伝説を生み、名前のもととなったのです。

　もちろん、遺伝的にその説は否定されています。現在では、ヨーロッパから渡ってきた長毛の猫と、アメリカ土着の短毛の猫とが交配して生まれたという説が有力です。

kitten
ブラウンタビー&ホワイト

Maine Coon

ブルーシルバー
パッチドタビー

kitten

ブラウンタビー
&ホワイト

111

メインクーン

メインクーンは、非常に大きくなる猫種。1歳を過ぎても体は成長します。

シルバーパッチドタビー
＆ホワイト

ブルー

ブラウン
マッカレルタビー
＆ホワイト

Maine Coon

(左)(右)とも、ブラウンタビー＆ホワイト

シルバータビー
＆ホワイト

column

大きな体ながら
性格は大らか

体が大きくたくましいメインクーンですが、性格は温厚な猫種です。環境への順応性、人間やほかの動物との協調性にも優れています。また、丈夫で飼いやすいことから、日本でも非常に人気のある猫種です。

孤島で生まれた尾のない猫
マンクス
Manx

Character Chart
- 活発さ
- 食事量
- 抜け毛量
- しつけのしやすさ
- 性格の大らかさ

アイリッシュ海の孤島で自然発生

アイリッシュ海に浮かぶマン島が、マンクスの故郷です。孤島という他種との交わりが少ない環境のなかで近親交配が行われた結果、尾のない遺伝子をもった猫が突然変異で生まれたと考えられています。

尾がない丸い尻、前脚より後ろ脚が大きく発達してピョンピョンと跳ねるように歩く姿は、「ウサギのよう」と形容されることもあります。また、「ノアの箱舟にあわてて飛び乗ったとき、扉に尾を挟まれてしまった」というユーモラスな逸話も。

1800年代の終わり頃から、イギリスのキャットショーに登場するようになります。その後アメリカに渡り、1920年代にはCFAで公認されました。

Hair
ダブルコートの被毛は、短くて密集して生えている。オーバーコートはやや固めな手触りだが、光沢がある。

Body
中型でがっしりしたボディ。全体に丸みがある。背中は丸くカーブしている。

Tail
尾がまったくない「ランピー」と、尾がわずかにある「スタンピー」がいる。キャットショーに出場できるのは、ランピーだけ。

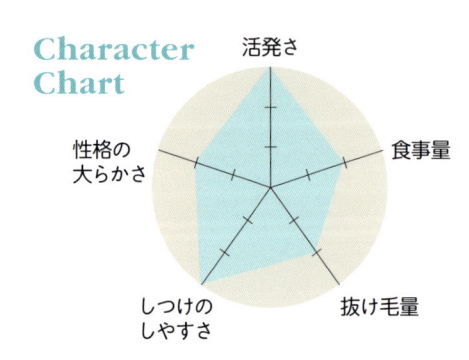

Leg
がっしりとした筋肉質な脚。前脚より後ろ脚のほうが長く、跳ねるように歩く。ポウは丸い。

Head
頭部は丸く、やや縦長。頬はつき出している。マズルはわずかに縦長で、顎はしっかりしている。

Ear
中くらいの大きさの耳。付け根が広く、先端に向かって細くなる。先端は丸い。わずかに外側に向いて付いている。

Eye
丸い大きな目。豊かな表情をもつ。鼻に向かってわずかな傾きがある。

シルバー
パッチドタビー

Data

原産地	イギリスで自然発生
先祖	不明
体型	コビータイプ
頭の形	丸い
体重	オス3～6kg / メス3～5kg
毛種	短毛種
毛色	多くの色

- ブラック
- ホワイト
- レッド
- ブルー
- クリーム

パターン すべてのパターン

- ソリッド
- タビー
- シルバー&ゴールデン
- スモーク&シェーデッド
- パーティカラー
- キャリコ&バイカラー
- タビー&ホワイト
- ポインテッド
- ポインテッド&ホワイト

目色 毛色に準ずる

- ブルー
- グリーン
- ヘーゼル
- カッパー
- オッドアイ

尾のないふわふわ長毛猫
キムリック
Cymric

Head
頭部は中くらいの大きさで、丸く、やや縦長。マズルはわずかに縦長で、頬はつき出している。

Ear
中くらいの大きさの耳。付け根が広く、先端は丸い。頭の高い位置に付いている。

Eye
丸い大きな目。豊かな表情をもつ。ややつり上がっている。

突然変異で生まれたマンクスの長毛種

　マンクスの繁殖過程で、突然変異で生まれた長毛種がキムリックです。1979年、TICAで公認されました。

　猫種名は、マンクスの故郷・マン島にほど近いウェールズ地方の別称「キムリー」から名付けられています。

　体の特徴は、被毛の長さ以外、マンクスと同じ。尾がなく、ピョンピョンと跳ねるように歩きます。性格はおだやかで、愛情豊かな猫です。

　キムリック同士の交配でも、長毛の子猫が生まれる確率は25％と低いため、今でも頭数が少ない希少品種です。

ブラック

Body
中型でがっしりしたボディ。全体に丸みがある。

Leg
がっしりとした筋肉質な脚。前脚より後ろ脚のほうが長く、跳ねるように歩く。ポウは丸い。

Character Chart

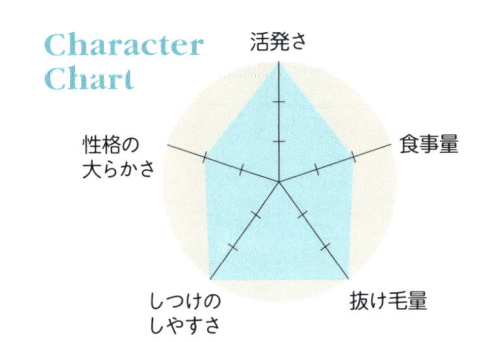

- 活発さ
- 食事量
- 抜け毛量
- しつけのしやすさ
- 性格の大らかさ

Data

原産地	カナダで突然変異的発生
先祖	マンクス
体型	コビータイプ
頭の形	丸い
体重	オス3～6kg メス3～5kg
毛種	長毛種
毛色	多くの色

- ブラック
- ホワイト
- チョコレート
- シナモン
- レッド
- ブルー
- ライラック
- フォーン
- クリーム

パターン すべてのパターン

- ソリッド
- タビー
- シルバー&ゴールデン
- スモーク&シェーデッド
- パーティカラー
- キャリコ&バイカラー
- タビー&ホワイト
- ポインテッド
- ポインテッド&ホワイト

目色 毛色に準ずる

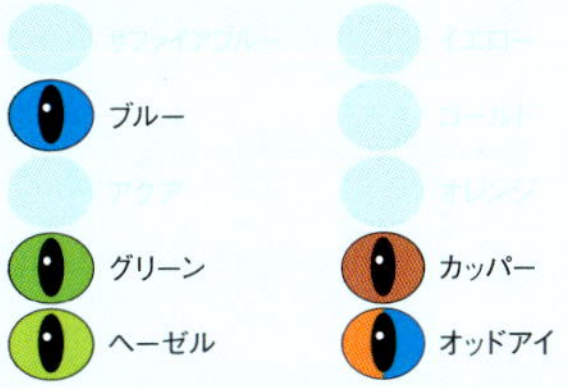

- ブルー
- グリーン
- カッパー
- ヘーゼル
- オッドアイ

Hair
オーバーコートは光沢と厚みがあり、ふかふかとした手触り。

Tail
尾はまったくないか、非常に短い。

ダックスフンドのような短い脚
マンチカン
Munchkin

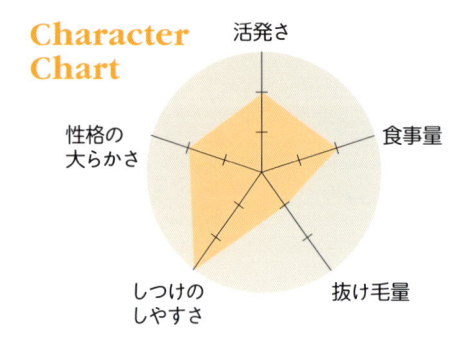

Character Chart
- 活発さ
- 食事量
- 抜け毛量
- しつけのしやすさ
- 性格の大らかさ

Eye
クルミ型の目。ややつり上がり気味。目と目の間隔は、ややあいている。

Hair
被毛は細かく密に生えている。シルクのようになめらかな手触り。

Tail
ボディよりやや短いか同じくらいの長さの尾。尾をよく動かして、バランスをとりながら歩く。

Leg
脚は極端に短い。

Ear
耳は中くらいの大きさで、付け根が広く、先端は少し丸みがある。頭の高い位置に付いている。

Head
頭部は丸みを帯びたくさび型。ボディに対してバランスのよい大きさで、頬骨が高い。

Body
骨格が頑丈で、筋肉が発達しているボディ。がっしりしている。

レッドタビー

Data
- 原産地：アメリカで突然変異的発生
- 先祖：不明
- 体型：セミフォーリンタイプ 
- 頭の形：丸みを帯びたくさび型 
- 体重：3〜6kg
- 毛種：短毛種・長毛種
- 毛色：すべての色 
  - ブラック
  - ホワイト
  - チョコレート
  - シナモン
  - レッド
  - ブルー
  - ライラック
  - フォーン
  - クリーム
- パターン：すべてのパターン 
  - ソリッド
  - タビー
  - シルバー&ゴールデン
  - スモーク&シェーデッド
  - パーティカラー
  - キャリコ&バイカラー
  - タビー&ホワイト
  - ポインテッド
  - ポインテッド&ホワイト
- 目色：すべての色
  - サファイアブルー
  - イエロー
  - ブルー
  - ゴールド
  - アクア
  - オレンジ
  - グリーン
  - カッパー
  - ヘーゼル
  - オッドアイ

路上で保護された短足猫から生まれた

ダックスフンドのようなとても短い脚をもつ猫が、1983年、アメリカ・ルイジアナ州の路上で保護されました。ブリーダーのケイ・ラフランスが、突然変異で生まれたと思われるその短足の猫を譲り受け、開発をスタートさせました。

さまざまな品種と掛け合わせ、やがて短い脚を固定化させることに成功します。しかし、当初は骨や脊椎に問題があるのではと疑われ、品種として認定されませんでした。

その後検査や研究を重ねた結果、この短い脚が奇形や病気ではなく、健康に問題がないことが確認されます。そして1995年、TICAで公認されました。

ダイリュートキャリコ

脚が短くても運動には問題なし

脚が短いため、ちょこちょこと歩きますが、運動能力は問題ありません。ジャンプ力もあり、高いところにも平気で上っていきます。

低い姿勢で元気に駆けまわる姿から、「猫のスポーツカー」とも呼ばれます。

kitten レッドタビー&ホワイト

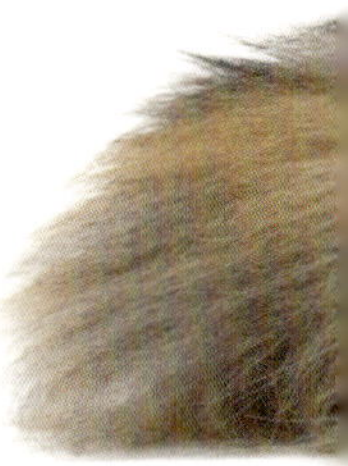

Munchkin

マンチカンは、子猫のうちから骨格がしっかりしています。

🐾 kitten　ロングヘアー／
ブラウンパッチドタビー＆ホワイト

ロングヘアー／
ブラウンパッチドタビー＆ホワイト

マンチカン

kitten

**ブラウンパッチド
タビー&ホワイト**

脚の長さは、おとな
になっても、わずか
10cmほどです。

Munchkin

シルバーマッカレルタビー

シールポイント

column

名前の由来は『オズの魔法使い』？

短い脚が特徴のマンチカンですが、ユニークなのはそれだけではありません。「マンチカン」という猫種名は、物語『オズの魔法使い』に登場する小人の種族・マンチキン（Munch kin）から名付けられたといわれています。

ロングヘアー／
カッパーアイド
ホワイト

マンチカンの仲間たち

キンカロー
Kinkalow

ダイリュート
キャリコ

くるんとカールした耳をもつ短足猫

　アメリカンカールとマンチカンの交配により誕生した品種です。アメリカンカールのくるんとカールした耳、マンチカンの短い四肢を受け継いでいます。

　猫種名は、「キンキー」（縮れた）、「ローレッグズ」（短い脚）の言葉を組み合わせて名付けられました。TICAでは実験種として公認されています。

　性格は活発で、遊ぶのが大好き。犬のように芸を覚えることもあります。

Data
- 原産地　アメリカで人為的発生
- 先祖　アメリカンカール、マンチカン
- 体型　セミフォーリンタイプ
- 頭の形　幅広・平面がないくさび型

クリームタビー

ナポレオン
Napoleon

（左）（右）とも、レッドタビー＆ホワイト

ゴージャスファーを
まとう陽気な短足猫

　1996年、マンチカンをベースにペルシャ、ヒマラヤン、エキゾチックなどを掛け合わせて作り出され、TICAで公認されました。

　特徴はマンチカンの短い四肢と、ペルシャのゴージャスな被毛。ペルシャのように鼻は詰まっておらず、顔は丸みがあります。被毛はやわらかで手触りがよく、丸い目がチャームポイント。明るく陽気な性格で、飼い主を楽しませてくれます。

Data

- 原産地　アメリカで人為的発生
- 先祖　マンチカン、ペルシャなど
- 体型　セミコビー〜セミフォーリンタイプ
- 頭の形　丸みのある短めのくさび型

レッドタビー＆ホワイト

マンチカンの仲間たち

ラムキン
Lambkin

ライラックポイント

短足巻き毛の、子羊のような猫

　マンチカンとセルカークレックスを交配させて生まれた品種です。マンチカンから短い四肢を、セルカークレックスからカールのかかった長い被毛を受け継いでいます。

　まるで子羊のように見えるその姿から、英語で「子羊」を意味する「ラムキン」と名付けられ、TICAで公認されました。

　性格はおだやかで、無駄鳴きをしません。被毛の手入れも手間がかからず、飼いやすい猫種です。

Data
- **原産地** アメリカで人為的発生
- **先祖** マンチカン、セルカークレックス
- **体型** セミフォーリンタイプ
- **頭の形** 丸みを帯びたくさび型

ブルーポイント＆ホワイト

バンビーノ
Bambino

ブルートーティミンク

「赤ちゃん」の名をもつ無毛の短足猫

　スフィンクスとマンチカンの交配によって誕生。TICAでは実験種として公認されています。
　スフィンクス同様、被毛は生えておらず、しわのある皮膚が特徴です。マンチカンのように短い四肢で、ちょこちょこと活発に動き回ります。
　「バンビーノ」はイタリア語で、「赤ちゃん」という意味です。「成長しても見た目や性格が子猫のまま」という特性から、名付けられました。

Data
- **原産地**　アメリカで人為的発生
- **先祖**　マンチカン、スフィンクス
- **体型**　セミフォーリンタイプ
- **頭の形**　丸みを帯びたくさび型

クリームミンク

©Satoshi Daichi

北欧を代表するエレガントな大型猫
ノルウェージャン フォレストキャット
Norwegian Forest Cat

Character Chart

- 活発さ
- 食事量
- 抜け毛量
- しつけのしやすさ
- 性格の大らかさ

Ear
大きめの耳。付け根が広く、先端は丸い。内側にタフトが生えている。

Hair
密度が高くやわらかいアンダーコートを、長くて硬めのオーバーコートが覆う。

Tail
尾の長さは体長ほど。付け根は太く、先端に向かって細くなる。ふさふさとした毛が生えている。

ブルータビー＆ホワイト

Leg
中くらいの長さで、がっしりした脚。ポウは丸い。指の間には多くのタフトが生えている。

Head
逆三角形の頭部。額から顎までのラインは高くまっすぐ。マズルは平たい。引き締まった顎をもつ。

Eye
目は大きなアーモンド型で、ややつり上がり気味。

Body
大型で骨太なボディ。胸板、胴回りが厚い。筋肉が発達してがっしりとしている。

Data

原産地	ノルウェーで自然発生
先祖	不明
体型	ロング＆サブスタンシャルタイプ
頭の形	逆三角形
体重	オス 3.5～6.5kg / メス 3.5～5.5kg
毛種	長毛種
毛色	多くの色

ブラック　ホワイト　チョコレート
シナモン　レッド　ブルー
ライラック　フォーン　クリーム

パターン 多くのパターン

ソリッド　タビー　シルバー&ゴールデン
スモーク&シェーデッド　パーティカラー　キャリコ&バイカラー
タビー&ホワイト　ポインテッド　ポインテッド&ホワイト

目色 毛色に準ずる

サファイアブルー　イエロー
ブルー　ゴールド
アクア　オレンジ
グリーン　カッパー
ヘーゼル　オッドアイ

北欧の気候に適応してきた"森の猫"

「ノルウェーの森の猫」という名前の通り、古くからノルウェーの森林地帯に生息していた猫です。優れた運動・狩猟能力をもち、性格はおだやか。そのためネズミ捕り用の猫として家庭でも大切にされていました。

北欧神話には、「女神の車を引く2匹の大きな猫」の話や、「雷神が猫を連れ去ろうとしたが、大きすぎて持ち上がらなかった」話など、この猫をモデルにしたと思われる猫の記述があります。

その起源ははっきりしていませんが、有力な説は、8〜10世紀頃、バイキングによってトルコの長毛猫が北欧に持ち込まれたのが始まりというもの。その後、北欧の厳しい寒さに適応すべく、厚くて水を弾く、ふかふかの被毛へと進化していったと考えられています。

長い年月をかけて猫種として公認

この猫がキャットショーに登場したのは1930年代です。第二次世界大戦中には、数が減り絶滅の危機に瀕したこともありましたが、ノルウェーのブリーダーたちが種の保存に尽力。その結果、ヨーロッパで公認を受けました。

その後1979年にアメリカに渡り、1993年に、CFAで公認されました。

kitten ブラックスモーク＆ホワイト

kitten シルバーパッチドタビー＆ホワイト

Norwegian Forest Cat

ブルー
マッカレルタビー
＆ホワイト

レッドシルバー
マッカレルタビー
＆ホワイト

ノルウェージャンフォレストキャット

ブラウンタビー
&ホワイト

レッドタビー
&ホワイト

ブラック&ホワイト

Norwegian Forest Cat

レッドタビー&ホワイト

column

厚手のコートは進化の証

ノルウェージャンフォレストキャットの特徴は、寒さから身を守るためにそなわった豪華なコート。オーバーコートは部位によって長さが異なり、とくに首の回りには、まるでよだれかけのような長い毛が生えています。

ノルウェージャンフォレストキャットは、5歳くらいまでゆっくり成長する猫種。

（左）ブルースモーク&ホワイト
（右）ダイリュートキャリコ

133

フレンドリーなワイルドキャット
オシキャット
Ocicat

Ear
大きめの耳。眉間の中心から45度の角度で開いている。先端にはタフトがある。

Head
頭部は丸みのあるくさび型。額から鼻のラインはゆるやかなカーブを描く。マズルは幅広で四角く、顎はしっかりしている。

Eye
アーモンド型の大きな目。ややつり上がり気味。両目の間隔は、目ひとつ分以上あいている。

Leg
脚は中くらいの長さで、筋肉が発達してがっしりしている。ポウはたまご型で小さい。

Body
中型〜大型のボディ。筋肉が発達し、がっしりしているため、見た目から受ける印象より重い。

Character Chart

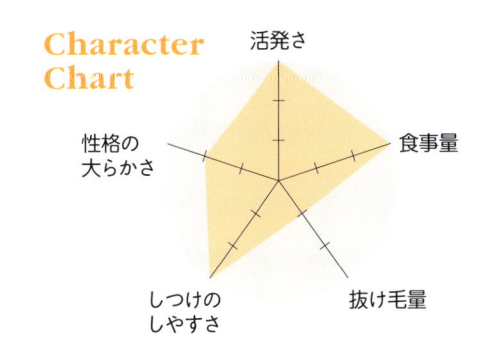

- 活発さ
- 食事量
- 抜け毛量
- しつけのしやすさ
- 性格の大らかさ

Data

原産地	アメリカで人為的発生
先祖	アビシニアン、サイアミーズなど
体型	セミフォーリンタイプ
頭の形	丸みを帯びたくさび型
体重	オス 3.5～6.5kg / メス 3～5.5kg
毛種	短毛種
毛色	多くの色

- タウニー（ブラウン）
- エボニーシルバー
- チョコレート（シルバー）
- シナモン（シルバー）
- ブルー（シルバー）
- ラベンダー（シルバー）
- フォーン（シルバー）

パターン スポッテッドタビーのみ

タビー（スポッテッド）

目色 グリーンからカッパー

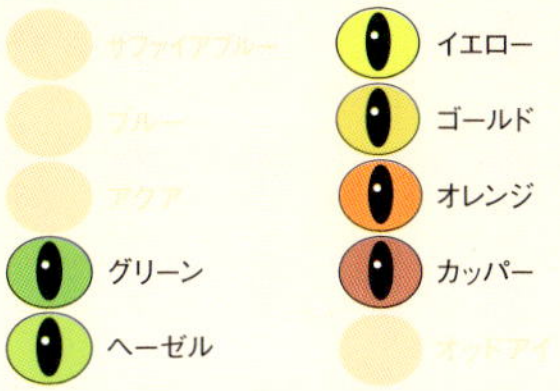

- イエロー
- ゴールド
- オレンジ
- グリーン
- カッパー
- ヘーゼル

Hair
短くなめらかで、光沢がある。サテンのような手触り。密集した毛が、体に沿って生えている。

チョコレートスポッテッド

Tail
尾はボディに対してやや長く、細い。先端に向かってわずかに細くなる。

交配実験で偶然生まれた猫

1964年、アメリカのヴァージニア・デリーというブリーダーが、アビシニアンとサイアミーズを交配させたところ、1匹だけスポット模様をもつ猫が誕生しました。これはまったくの偶然でした。

『トンガ』と名付けられたその猫は、去勢されてペットとして売り出されます。すると新聞で「珍しいスポット模様をもつ猫」として取り上げられ、注目を浴びることになりました。

野生猫のような特徴的なスポット模様をもつ人工的な猫は少なく、このトンガは希少な存在だったのです。

その後、デリーの行った交配を真似する形で、計画的な繁殖がスタート。アビシニアン、サイアミーズ、さらにアメリカンショートヘアーも掛け合わせられ、オシキャットが開発されます。1987年にCFAで公認されました。

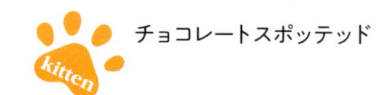

チョコレートスポッテッド

ワイルドな外見に似合わない性格!?

オシキャットの名は、「オセロット」という野生猫に模様が似ていることからきています。

しかし、オシキャットは、その名付け方や外見からは想像できないフレンドリーな性格で、人間が大好きです。従順で、犬のように芸を覚えることもあります。

チョコレートシルバースポッテッド

Ocicat

kitten
シナモンシルバー
スポッテッド

ラベンダー
スポッテッド

オシキャット

チョコレートスポッテッド

チョコレートシルバー
スポッテッド

チョコレート
スポッテッド

ラベンダー
スポッテッド

チョコレート
スポッテッド

column

オシキャットのスポットは完全人工物！

オシキャットのスポットは、ベンガルのような野生種との混血でも、エジプシャンマウのような天然物でもありません。野生種のスポットを再現するために作出し、成功した唯一の猫種がオシキャットなのです。

長毛種を代表する優雅な猫
ペルシャ
Persian

Head
頭部は幅の広いドーム型。鼻は短くつぶれている。目と目の間の鼻筋には、はっきりとしたくぼみがある。

Eye
大きくてまん丸な目。両目の間隔は広め。つり上がらずに、水平に付いている。

Tail
ボディに対して短めで、まっすぐに伸びている尾。長くてふさふさとした毛で覆われている。

キャリコ

Character Chart

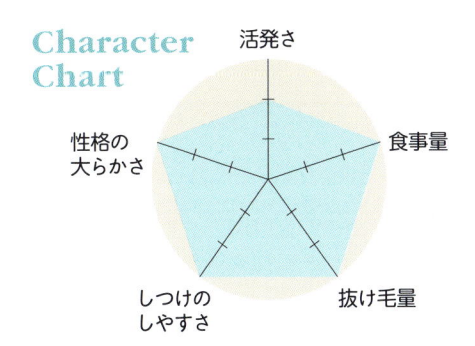

- 活発さ
- 食事量
- 抜け毛量
- しつけのしやすさ
- 性格の大らかさ

Data

原産地	アフガニスタンで自然発生
先祖	不明
体型	コビータイプ
頭の形	幅広で丸い
体重	オス3〜5.5kg メス3〜5kg
毛種	長毛種
毛色	多くの色

ブラック　ホワイト　チョコレート
シナモン　レッド　ブルー
ライラック　フォーン　クリーム

パターン 多くのパターン

ソリッド　タビー　シルバー&ゴールデン
スモーク&シェーデッド　パーティカラー　キャリコ&バイカラー
タビー&ホワイト　ポインテッド

目色 毛色に準ずる

- サファイアブルー
- ブルー
- ゴールド
- グリーン
- カッパー
- ヘーゼル
- オッドアイ

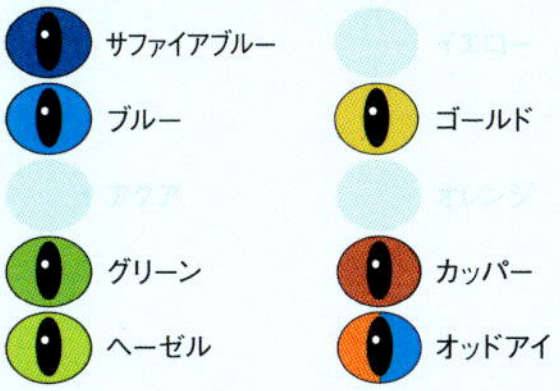

Ear
小さく丸みのある耳。先端も丸みがある。前方にやや傾くように、頭の低い位置に離れて付いている。

Body
中型で、骨太。厚みのあるがっしりとしたボディだが、太ってはいない。

Hair
長くやわらかで厚みのある被毛。つやがありなめらかな手触り。首から胸にかけてボリュームのある飾り毛が生えている。

Leg
ボディに対して短めで、がっしりしている脚。ポウは大きく丸い。

古い歴史をもつが
起源は謎

　ペルシャは1871年にイギリスで開かれた世界初のキャットショーにも出場していた、長い歴史をもつ純血種です。ぬいぐるみのようにふわふわで、鼻がつぶれた愛きょうのある顔立ちと、物静かで人なつこい性格から、古くから愛玩用の猫として人気を博してきました。

　その昔、ペルシャ(現在のイランを中心とした西アジア)の商人たちが、長毛の猫を商品としてヨーロッパに持ち込んだのが始まりとされていますが、確証はありません。最も古い記録は、1620年にイタリア人が現在のイランから、長毛の猫を数匹持ち帰ったというものです。

　1800年代には、イタリア、フランス、イギリスで計画的な繁殖が始まりました。もともとはもう少し細身の猫だったようですが、イギリスのブリーダーが中心となり、丸みのある体格と、豊かな毛色をもつペルシャを作り上げました。

被毛をきれいに
保つケアを

　ペルシャの美しい被毛のコンディションを保つためには、毎日のグルーミングが欠かせません。1日1～2回、目の細かいコームで全身をとかし、目の粗いブラシで仕上げます。目もとは涙で濡れやすいので、濡らしたガーゼで優しく拭き取りを。

レッドタビー＆ホワイト

タビー柄のペルシャには、「ペルシャの道化師」というニックネームがあります。

ブラック

カッパーアイド ホワイト

Persian

ブルー&ホワイト

子猫の頃は、被毛の手入れはそれほど必要ありませんが、コームに慣らすためにも、グルーミングを習慣に。

ブルー&ホワイト

ペルシャ

キャリコ

チンチラシルバー

キャリコ kitten

Persian

(左) シェーデッドゴールデン
(右) シェーデッドシルバー

column

ペルシャには多彩な毛色が！

ホワイトの印象が強いペルシャですが、実は数多くの毛色パターンがあります。ブラックなどの単色や、タビー、キャリコなど、その数は公認されているだけでも100種類以上。このような多彩な毛色も、ペルシャの魅力のひとつでしょう。

トーティシェル

ポイントカラーのペルシャ
ヒマラヤン
Himalayan (Persian Pointed)

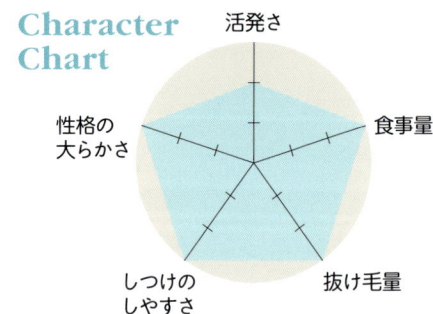

Character Chart

活発さ / 食事量 / 抜け毛量 / しつけのしやすさ / 性格の大らかさ

Tail
ボディに対して短めで、まっすぐに伸びている。長くてふさふさとした毛で覆われている。

開発困難だったポイントカラー

　1924年、スウェーデンのブリーダーが、サイアミーズのようなポイントカラーのペルシャを作ろうと、サイアミーズとペルシャの交配を行い、開発をスタートさせました。その後イギリスとアメリカでも、計画的な交配が行われます。

　試行錯誤を経て、ポイントカラーのヒマラヤンが誕生。

　1955年、イギリスで「カラーポイントロングヘアー」として登録され、1957年にCFAでヒマラヤンとして公認。現在、CFAとTICAでは、ヒマラヤンはペルシャの毛色の1部門として位置付けられています。

Body
中型で骨太のボディ。幅広くどっしりとしているが、太ってはいない。

Hair
つやのある長い毛が、ボディに密着して生えている。シルクのようにやわらかな手触り。

Leg
ボディに対して太く短めで、しっかりしている脚。ポウは大きくて丸い。

Head

頭部は幅の広いドーム型。鼻は短くつぶれている。目と目の間の鼻筋には、はっきりとしたくぼみがある。

Ear

小さく丸みのある耳。先端も丸みがある。前方にやや傾くように、頭の低い位置に離れて付いている。色はサファイアブルーのみ。

シールポイント

Eye

まん丸で大きく見開かれた目。目と目の間隔は広い。

Data

原産地	イギリスで人為的発生
先祖	ペルシャ、サイアミーズ
体型	コビータイプ
頭の形	幅広で丸い
体重	オス 3〜5.5kg / メス 3〜5kg
毛種	長毛種
毛色	多くの色

シール (ブラック)　チョコレート
フレーム (レッド)　ブルー
ライラック　フォーン　クリーム

パターン	ポインテッドのみ

ポインテッド

目色	サファイアブルーのみ

サファイアブルー

優しく大きな体の長毛猫
ラガマフィン
RagaMuffin

Head
頭部は幅広で、丸みのあるくさび型。マズルは幅広で丸く、長さは中くらい。豊かな頬と、力強い顎をもつ。

Ear
耳は中くらいの大きさで、丸みがある。頭の外側に、やや前傾して付いている。耳の先端にはタフトがある。

Eye
クルミ型の大きな目で、表情豊か。両目は、ほどよく離れている。

Hair
中くらいから長めのなめらかな毛が密に生えている。シルクのような手触り。

ブラック＆ホワイト

Character Chart

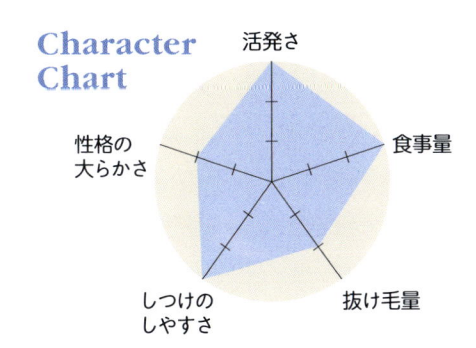

- 活発さ
- 食事量
- 抜け毛量
- しつけのしやすさ
- 性格の大らかさ

Data

- **原産地**: アメリカで人為的発生
- **先祖**: ラグドール
- **体型**: ロング＆サブスタンシャルタイプ 
- **頭の形**: 幅広・丸みを帯びたくさび型 
- **体重**: オス4〜7kg / メス4〜6kg
- **毛種**: 長毛種
- **毛色**: すべての色 
  - ブラック
  - ホワイト
  - チョコレート
  - シナモン
  - レッド
  - ブルー
  - ライラック
  - フォーン
  - クリーム
- **パターン**: 多くのパターン
  - ソリッド
  - タビー
  - シルバー＆ゴールデン
  - スモーク＆シェーデッド
  - パーティカラー
  - キャリコ＆バイカラー
  - タビー＆ホワイト
  - ポインテッド
  - ポインテッド＆ホワイト
- **目色**: 毛色に準ずる
  - サファイアブルー
  - イエロー
  - ブルー
  - ゴールド
  - アクア
  - オレンジ
  - グリーン
  - カッパー
  - ヘーゼル
  - オッドアイ

Body
大型で長めの筋肉質なボディ。体の後方のほうが、より筋肉が付いている。胸と肩が幅広い。

Leg
脚は中くらいの長さ。骨太でがっしりしている。前脚より後ろ脚のほうが長め。ポウは大きく丸い。

Tail
ボディに対して長めの尾。ふさふさの毛に覆われている。先端に向かってやや細くなる。

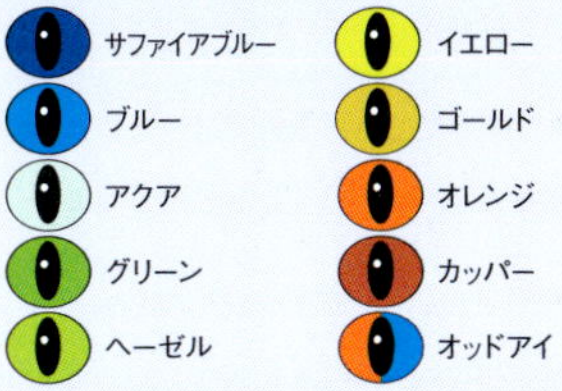

ラグドールの
ブリーダーが作出

　ラガマフィンは、ラグドールのブリーダーたちが開発した品種です。

　大きな体に優しい性格、ふかふかの被毛。ラガマフィンの特徴はすべて、もととなったラグドールと共通しています。

　ラグドールの開発者であるアン・ベーカーは、独自の組織を作り、そこに登録したブリーダー以外にラグドールの名前を使用する許可を与えないといった規制を行いました。それに反発した一部のブリーダーたちが、組織から独立し、1980年代後半から独自に繁殖を開始。ラグドールをもとに、ペルシャやヒマラヤンなどの長毛猫との掛け合わせを行いました。

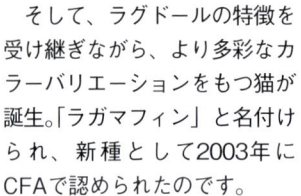

　そして、ラグドールの特徴を受け継ぎながら、より多彩なカラーバリエーションをもつ猫が誕生。「ラガマフィン」と名付けられ、新種として2003年にCFAで認められたのです。

ブルー&ホワイト

ブラック&ホワイト

RagaMuffin

kitten シルバーミンク
タビー&ホワイト

体が大きな猫種のため、3〜4年かけて成猫へ成長します。

ダイリュートキャリコ

ラグドール

"ぬいぐるみ"の名をもつ大型猫

Ragdoll

Character Chart

- 活発さ
- 食事量
- 抜け毛量
- しつけのしやすさ
- 性格の大らかさ

Ear
中くらいの大きさの耳は、根本は広く、先端は丸みがある。やや前傾して付いている。

Body
大型で筋肉質なボディだが、太ってはいない。胸と肩幅が広く、ボディの形は長方形が理想とされる。

Tail
長めの尾。ふさふさの毛に覆われている。先端に向かってやや細くなる。

Leg
脚は中くらいの長さ。骨太でがっしりしている。後ろ脚は前脚より長い。ポウは大きくて丸い。

ブルーポイント&ホワイト

Head
頭部は中くらいの大きさで、幅が広い。マズルはなだらかに丸く、耳と耳の間は、平らになっている。

Eye
たまご型の大きな目。ややつり上がっている。両目の間隔は適度にあいている。色は、薄いブルーのみ。

Hair
中くらいから長めのなめらかな毛が、ボディに沿うように密に生えている。長毛だが、もつれにくい。

Data

原産地	アメリカで人為的発生
先祖	バーマン、ペルシャなど
体型	ロング＆サブスタンシャルタイプ
頭の形	丸みを帯びた幅広
体重	オス4〜7kg メス4〜6kg
毛種	長毛種
毛色	多くの色

シール（ブラック）／ホワイト／チョコレート
シナモン／レッド／ブルー
ライラック／フォーン／クリーム

パターン 一部のパターン

ソリッド／タビー／シルバー＆ゴールデン
スモーク＆シェーデッド／パーティカラー／キャリコ＆バイカラー
ポインテッド＆ホワイト（バイカラー）／ポインテッド／ミテッド

目色 ブルーのみ

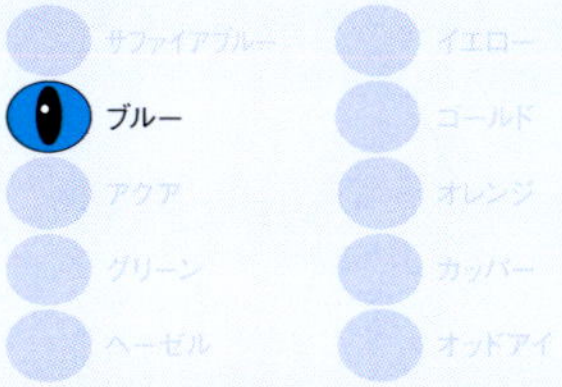

- サファイアブルー
- ● ブルー
- アクア
- グリーン
- ヘーゼル
- イエロー
- ゴールド
- オレンジ
- カッパー
- オッドアイ

ラグドール

理想の猫を求めて開発された

　1960年代、アメリカ・カリフォルニアのブリーダー、アン・ベーカーは、シールポイントの長毛の猫を拾い、飼い始めました。その猫に魅了されたベーカーは、似たようなシールポイントの長毛猫を作り出そうと、新品種の開発を始めました。

　まずは白のペルシャと、シールポイントのバーマンを交配。生まれた子猫に、さらにセーブルのバーミーズを交配させて、ラグドールの基礎となる、シールポイントの長毛猫を作り出しました。そこから改良を重ね、大きな体格をもつ理想の猫が完成。2000年にCFAで公認されました。

　ラグドールという名前は「ぬいぐるみ」を意味します。抱き上げると力を抜いて、ぬいぐるみのように体をあずけてくることから名付けられました。

ちょっぴり鈍感なのでけがに注意

　ラグドールはとてもおだやかで、物怖じしません。そんな性格ゆえか、少々機敏さに欠け、鈍感なところがあるともいわれています。

　完全室内飼いにするのはもちろんのこと、室内でも危険な場所や遊びには気を配り、けがを防ぎましょう。

kitten
ブルーポイント
＆ホワイト

シールポイント
＆ホワイト

Ragdoll

ブルーポイント
＆ホワイト

ライラックポイント
＆ホワイト

豊富なコートときれ
いなカラーになるに
は、3年ほどかかり
ます。

ラグドール

ライラックポイント&ホワイト

クリームポイント
&ホワイト

Ragdoll

column

ラグドールの毛色パターン

ラグドールには、バイカラー（○○ポイント＆ホワイト）以外にも、ポイントカラー、ミテッドといったパターンがあります。TICAではすべてのパターンが公認されていますが、CFAでは、バイカラーのみが公認されています。

ブルーポイントミテッド

（左）（中）（右）とも、ブルーポイント＆ホワイト

157

ブルーキャット代表の"ロシアの貴公子"
ロシアンブルー
Russian Blue

Head
頭部は中くらいの大きさで、くさび型。頬はやや高い。マズルは中くらいの大きさで、スムーズなラインを描く。

Ear
頭部に対して、やや大きな耳。付け根は幅広く、先端はややとがっている。頭の両端に広がるように付いている。

Eye
大きくて丸い目。ややつり上がっている。目と目の間隔はあいている。色はグリーンのみ。

Hair
細くやわらかな短い毛が密に生えている。光沢があり、シルクのようになめらかな手触り。

ブルー

Character Chart

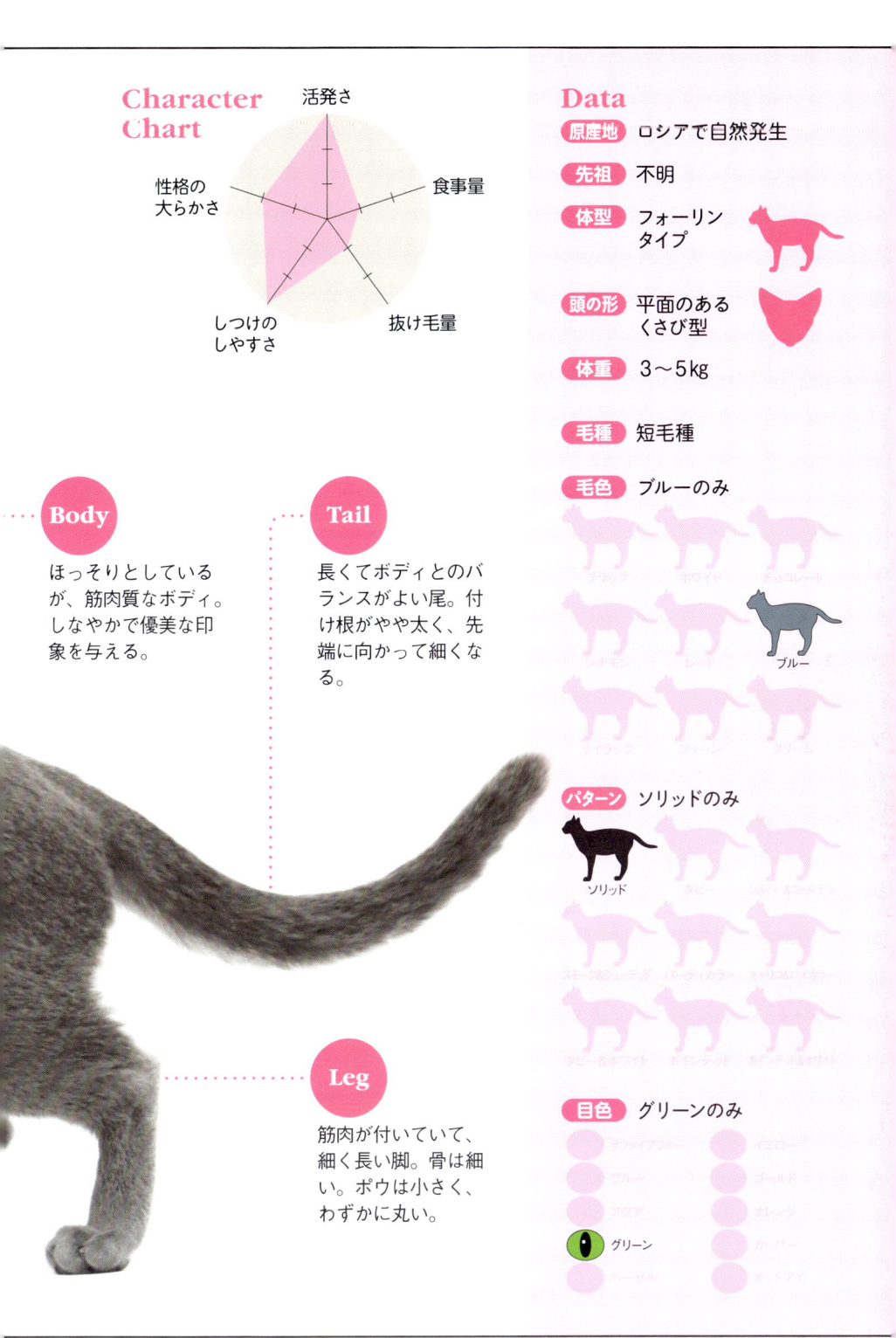

- 活発さ
- 食事量
- 抜け毛量
- しつけのしやすさ
- 性格の大らかさ

Data

原産地	ロシアで自然発生
先祖	不明
体型	フォーリンタイプ
頭の形	平面のあるくさび型
体重	3～5kg
毛種	短毛種
毛色	ブルーのみ

ブラック　ホワイト　チョコレート
シナモン　レッド　ブルー
ライラック　フォーン　クリーム

パターン ソリッドのみ

ソリッド　タビー　ソリッド＆ゴールデン
スモーク＆シェーデッド　パーティカラー　キャリコ＆バイカラー
タビー＆ホワイト　ポインテッド　ポインテッド＆ホワイト

目色 グリーンのみ

サファイアブルー　イエロー
ブルー　ゴールド
アクア　オレンジ
グリーン　カッパー
ヘーゼル　オッドアイ

Body
ほっそりとしているが、筋肉質なボディ。しなやかで優美な印象を与える。

Tail
長くてボディとのバランスがよい尾。付け根がやや太く、先端に向かって細くなる。

Leg
筋肉が付いていて、細く長い脚。骨は細い。ポウは小さく、わずかに丸い。

ロシアンブルー

ロシアで生まれた "ブルーの天使"

　ロシアンブルーの祖先は、ロシア北部の港町アルハンゲリスクの土着猫とされています。その猫は、美しくビロードのような青灰色の被毛をもつ猫でした。

　19世紀の半ば、商船でイギリスに運ばれると、その美しく気品に満ちた姿から「アークエンジェル(大天使)キャット」の愛称で呼ばれ、たちまち人気を博しました。

　1875年にはイギリスのキャットショーに登場。その後、計画繁殖によって改良を重ね、1912年に「ロシアンブルー」として公認されました。

　2度の世界大戦で数が激減しましたが、ブリーダーの努力によって守られ、戦後は数が回復しました。また、まだ公認されていませんが、イギリスやアメリカでは長毛種やカラーの異なるロシアンブルーも開発されています。

kitten
ブルー

ブルーキャット御三家 ロシアンブルーの魅力

　シルバーの光沢をもつブルーの被毛は、ロシアンブルーの最大の特徴。シャルトリュー、コラットとならび、「ブルーキャット御三家」に名を連ねます。グリーンの瞳、微笑みを浮かべたような口もとの表情も魅力です。

　また、あまり大きな声で鳴かず性格もおだやかで従順なので、飼いやすい猫です。

Russian Blue

kitten
ブルー

従順ですが、やや内向的なため、人見知りをすることも。

ブルー

ブルー

ロシアンブルー

kitten ブルー

口角が上がり、まるで微笑んでいるような口もとは、「ロシアンスマイル」と呼ばれています。

Russian Blue

kitten ブルー

column

ロシアの古い民話

ロシアにはこんな民話が伝わっています。
「生まれたばかりの王女のもとに、7人の妖精がやってきました。妖精たちはひとりずつ、『勇気』『忠誠心』『美しさ』『優雅な身のこなし』『シルバーとシルクのベルベット』『大きなエメラルド』『世界中の友達』を授けようとしました。しかし、顔をまっ赤にして泣く赤ん坊が本当に美しい王女になると信じられず、そばにいた猫に贈り物をすべてあげてしまいました」
ロシアンブルーは、こうして生まれたのです。

ブルー

スコットランドで生まれた折れ耳の猫
スコティッシュフォールド
Scottish Fold

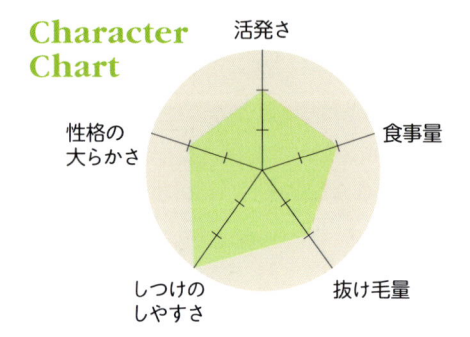

Character Chart

- 活発さ
- 食事量
- 抜け毛量
- しつけのしやすさ
- 性格の大らかさ

Head
頭部は丸く、しっかりした顎と頬をもつ。マズルはふっくらと丸い。鼻は幅が広く、やや短め。

Body
中型で丸みがあるボディ。筋肉質でしっかりしている。

Hair
被毛は密に生えていて、厚みがある。やわらかくビロードのような手触り。短毛と長毛がいる。

Tail
尾はボディに対して長めで、バランスがとれている。先端に向かって細くなり、しなやかに曲がる。

ロングヘアー／クリームマッカレルタビー＆ホワイト

Ear
耳は小さく、先端は丸い。前方に折れ曲がっている。より小さくしっかり折れているほうがよいとされる。

Eye
大きく丸い目。見開いていて、愛らしい表情が印象的。

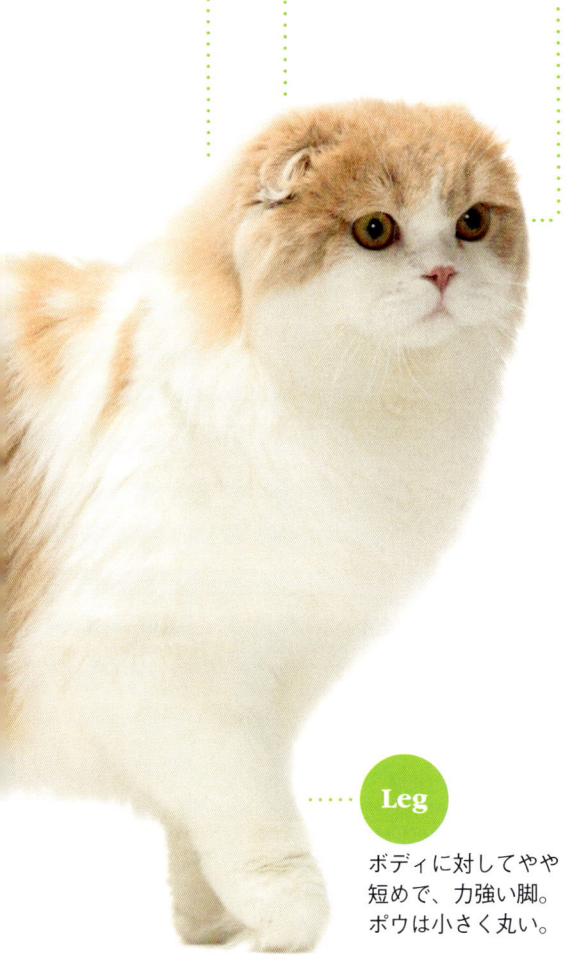

Leg
ボディに対してやや短めで、力強い脚。ポウは小さく丸い。

Data

原産地	短毛種はイギリスで突然変異的発生、長毛種はアメリカで人為的発生
先祖	ブリティッシュショートヘアーなど
体型	セミコビータイプ
頭の形	丸い
体重	オス3〜6kg メス3〜5kg
毛種	短毛種・長毛種
毛色	多くの色

ブラック　ホワイト　チョコレート
シナモン　レッド　ブルー
ライラック　フォーン　クリーム

パターン 多くのパターン

ソリッド　タビー　シルバー&ゴールデン
スモーク&シェーデッド　パーティカラー　キャリコ&バイカラー
タビー&ホワイト　ポインテッド　ポインテッド&ホワイト

目色 毛色に準ずる

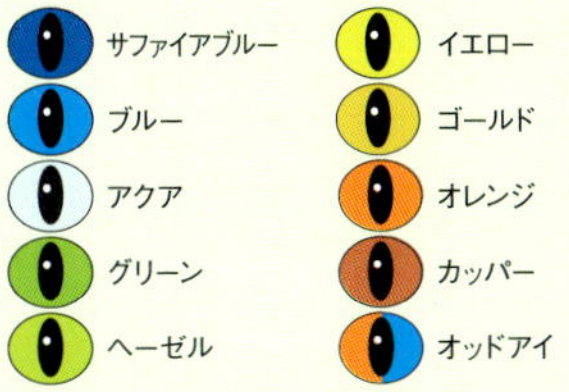

- サファイアブルー
- ブルー
- アクア
- グリーン
- ヘーゼル
- イエロー
- ゴールド
- オレンジ
- カッパー
- オッドアイ

スコティッシュフォールド

スコットランドの農家で生まれた

　1961年、スコットランドの農家で飼われていた猫『スージー』は、折れ曲がった不思議な耳をもっていました。やがてスージーは、同じように耳の折れた子猫を生みます。

　隣家に住んでいたロス夫妻がその子猫を譲り受け、ブリティッシュショートヘアーと交配させたところ、再び耳の折れた子猫が誕生。この猫をもとにして、計画的な繁殖が始まりました。

　そうして折れ耳の猫は順調に数を増やしましたが、イギリスでは奇形や骨格障害の遺伝を疑われ、品種として認定されることはありませんでした。

　その後1970年にアメリカに渡り、アメリカンショートヘアーとの交配が行われます。そしてより健康な骨格をもつスコティッシュフォールドが開発され、人気の品種に。1978年、CFAで公認されました。

折れ耳同士の交配は禁忌

　猫種名は、「スコットランドの折りたたまれたもの」という意味。出身地と、折れた耳をもつ特徴から名付けられています。

　折れた耳はたいへん愛らしいですが、折れ耳同士の交配は子猫に健康上の問題が起こることがあります。繁殖には立ち耳の猫との異種交配を行うことが大切です。

kitten ロングヘアー／シルバータビー＆ホワイト

ロングヘアー／ブラウンパッチドタビー＆ホワイト

Scottish Fold

ダイリュートキャリコ

耳が折れるのは、生後2〜3週から。折れない子もいます。

ブラウンパッチドタビー&ホワイト

スコティッシュフォールド

ロングヘアー／
レッドタビー＆ホワイト

見た目通りおだやかな性格です。激しく遊び回ることは少ないですが、遊びは大好き。

ロングヘアー／
カメオ
マッカレル
タビー

Scottish Fold

kitten シルバータビー

ブルーシルバーティックドタビー&ホワイト

column

耳が折れる確率は約30%

この猫種最大の特徴である折れた耳は、生後2〜3週ほどで折れ始めます。ただし、みんなが折れるわけではなく、その確率は30%程度。さらに、ストレスや病気が原因で、折れていた耳が立ったり、また折れたりすることも。

羊のような巻き毛のもこもこ猫
セルカークレックス
Selkirk Rex

Character Chart

- 活発さ
- 食事量
- 抜け毛量
- しつけのしやすさ
- 性格の大らかさ

Body
中型～大型の、がっしりした筋肉質なボディ。胴体は長方形だが、長くはない。

Tail
尾は中くらいの長さで、体とのバランスがよい。長毛は、ふさふさした毛に覆われている。

Hair
カールして密度が高く、厚みがある被毛。やわらかくビロードのような手触り。短毛と長毛がいる。

ブラックスモーク

Head
頭部は幅広で丸みがある。頬は豊満で、マズルは中くらいの大きさ。発達した頬をもつ。鼻は低い。

Ear
耳は中くらいの大きさで、付け根は広く、先端はとがっている。両耳の間隔は広い。

Eye
大きく丸い目。わずかにつり上がっていて、目と目の間隔はあいている。

Leg
脚は中くらいの長さで、骨格はがっしりしている。ポウは丸く大きい。

Data

原産地	アメリカで突然変異的発生
先祖	不明
体型	セミコビータイプ
頭の形	丸い
体重	オス3〜6.5kg メス3〜5kg
毛種	短毛種・長毛種
毛色	多くの色

毛色: ブラック、ホワイト、チョコレート、シナモン、レッド、ブルー、ラベンダー、フォーン、クリーム

パターン: すべてのパターン — ソリッド、タビー、シルバー&ゴールデン、スモーク&シェーデッド、パーティカラー、キャリコ&バイカラー、タビー&ホワイト、ポインテッド、ポインテッド&ホワイト

目色: すべての色 — サファイアブルー、ブルー、アクア、グリーン、ヘーゼル、イエロー、ゴールド、オレンジ、カッパー、オッドアイ

セルカークレックス

保護施設で生まれた巻き毛の猫

　1987年、アメリカ・モンタナ州の保護施設で、1匹の巻き毛の子猫が生まれました。この猫はブリーダーのジェリー・ニューマンに引き取られ、当時巻き毛で有名だった女優の演じた役名からとって『ミス・ディペスト』と名付けられます。
　ミス・ディペストをペルシャと交配させると、巻き毛の子猫が生まれました。そこで本格的なブリーディングがスタート。ペルシャ、エキゾチック、ブリティッシュショートヘアーなどと掛け合わせられ、改良が重ねられました。
　こうして誕生したのが、セルカークレックスです。2000年に、CFAで公認されました。

ロングヘアー／ブルー

3大レックスのひとつに数えられる

　「セルカーク」とは、保護施設の近くにあった山脈の名です。「レックス」は、巻き毛の猫コーニッシュレックスやデボンレックスと同様、ウサギのレッキス種からとられています。
　コーニッシュレックス、デボンレックスにならび、いまや巻き毛猫の代表格となった人気種です。

ロングヘアー／シールポイント

Selkirk Rex

ブラウン
マッカレルタビー

kitten

ロングヘアー／
レッド

セルカークレックス

kitten
ブラック&ホワイト

性格はおだやかで人なつこく、飼い主のことを大好きになります。

Selkirk Rex

ブラック

ロングヘアー／ブルー＆ホワイト

kitten

ブラック＆
ホワイト

column

カーリーヘアーの特徴

セルカークレックスの最大の魅力である巻き毛は、デボンレックスなどのほかの巻き毛猫と比べると、やや長いのが特徴です。生まれたときから生えていますが、生後6か月ほどで一度抜けます。そして、生後8〜10か月頃に再び生えそろいます。

美しく気高い "タイの至宝"
サイアミーズ
Siamese

Ear
とても大きな耳。付け根は広く、先端はとがっている。外側のラインは、輪郭の延長線上にある。

Eye
中くらいの大きさで、アーモンド型の目。鼻に向かってやや傾きがある。色は濃く鮮やかなブルーのみ。

Head
頭部は長く先細りしたくさび型。横から見ると、額から鼻の先までのラインはまっすぐ。

Leg
脚は長くほっそりとしている。後ろ脚のほうが前脚よりも長い。ポウは小さなたまご型。

Body
中型で、長くしなやかなボディ。細い骨格と発達した筋肉をもつ。首は長くほっそりしている。

シールポイント

Character Chart

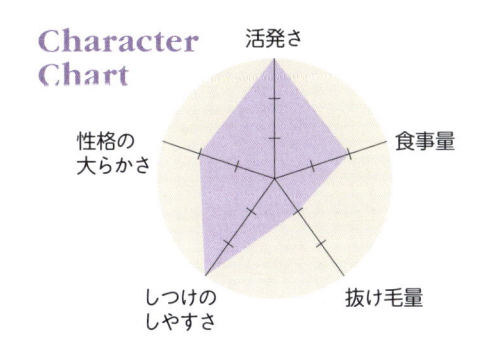

- 活発さ
- 食事量
- 抜け毛量
- しつけのしやすさ
- 性格の大らかさ

Hair
光沢のある短い毛が体に密着して生えている。なめらかで繊細な手触り。

Tail
細長く、しなやかな尾。先端に向かって細くなる。

Data

原産地	タイで自然発生
先祖	不明
体型	オリエンタルタイプ
頭の形	直線的なくさび型
体重	3〜4kg
毛種	短毛種

毛色 一部の色

- シール（ブラック）
- ホワイト
- チョコレート
- シナモン
- レッド
- ブルー
- ライラック
- フォーン
- クリーム

パターン ポインテッドのみ

- ソリッド
- タビー
- シルバー&ゴールデン
- スモーク&シェーデッド
- パーティカラー
- キャリコ&バイカラー
- タビー&ホワイト
- ポインテッド
- ポインテッド&ホワイト

目色 ブルーのみ

- サファイアブルー
- イエロー
- ブルー
- ゴールド
- アクア
- オレンジ
- グリーン
- カッパー
- ヘーゼル
- オッドアイ

サイアミーズ

タイの王室から世界に広まる

　シャムとは、タイ王国のかつての呼び名です。その名の通り、サイアミーズ(シャム)はタイに古くからいた猫で、アユタヤ王朝時代の書物にその記述が残っています。

　タイの王家や貴族しか飼うことを許されなかったという高貴な猫が、世界に知られることになったのは1885年のこと。イギリス総領事館に、タイ王室からペアのサイアミーズが贈られ、ロンドンで行われたキャットショーで紹介されたのがきっかけでした。

　当初、サイアミーズの体型は今よりも丸く、ややずんぐりとしていて、色も濃かったようです。改良を重ね、現在のようなスリムなボディと、美しいポイントカラーのサイアミーズが生み出されました。

チョコレートポイント

純血種を代表する愛情豊かな猫

　しなやかな細身のボディにブルーの瞳、気品あふれるその姿は、「月のダイヤモンド」と讃えられるほどです。

　純血種の代表のような存在で、サイアミーズとの交配で生み出された品種も数多く存在します。

　性格は飼い主への忠誠心が高く、甘えじょうず。目立ちたがりで、いつも注目を集めようとする一面もあります。

kitten
ブルーポイント

チョコレート
ポイント

成長するにつれ、ポイントカラーがはっきりします。

ブルーポイント

サイアミーズ

チョコレートポイント

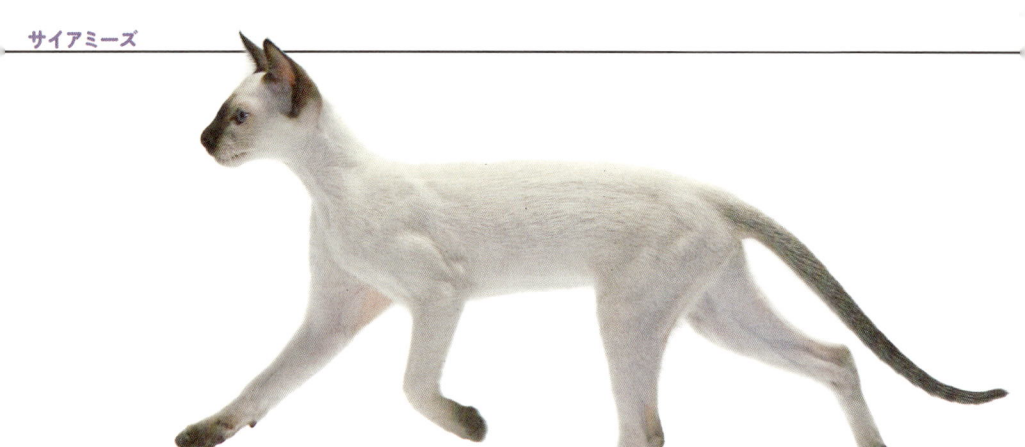

ライラック
ポイント

column

サイアミーズの
仲間たち

下の猫種はすべてサイアミーズの仲間です。

カラーポイントショートヘアー
…短毛で、サイアミーズの4色以外のさまざまなポイントカラーがある。

バリニーズ（→P.182）
…サイアミーズの長毛種。

ジャバニーズ
…長毛で、サイアミーズの4色以外のさまざまなポイントカラーがある。

オリエンタル（→P.184）
…短毛と長毛があり、体全体に色がついている。

Siamese

kitten （左）（右）とも、ブルーポイント

ライラックポイント

シールポイント

優雅なダンサーのような猫
バリニーズ
Balinese

バリ舞踊のような優雅な動作が名前の由来

サイアミーズの突然変異でときどき生まれていた長毛の猫を、1940年代にアメリカのブリーダーが品種として固定化したのが「バリニーズ」です。1958年にCFAで公認されました。

猫の動きが、バリ舞踊の優雅な動きを思わせることからバリニーズと名付けられました。

バリニーズの体の特徴などは、サイアミーズによく似ていますが、性格はサイアミーズよりもややおだやかで、鳴き声も小さめ。とても人なつこい性質です。

Head
頭部は中くらいの大きさで、長く先細りしたくさび型。額から長く鼻筋が通っている。

Ear
非常に大きな耳。付け根は幅広く、先端はとがっている。

Hair
やわらかい手触りの被毛。アンダーコートが少なく、ボディに密着して生えているため、実際より短く見える。

Eye
中くらいの大きさで、アーモンド型の目。鼻に向かって傾いている。色は鮮やかなブルーのみ。

Tail
長くしなやかで、先細りになっている。尾の先は羽根飾りのようにふさふさとして広がっている。

Body
長い筒状のボディ。骨格は細く、筋肉質。引き締まったボディは、すらりとして優美な印象。

Character Chart

- 活発さ
- 食事量
- 抜け毛量
- しつけのしやすさ
- 性格の大らかさ

Data

原産地	アメリカで突然変異的発生
先祖	サイアミーズ
体型	オリエンタルタイプ
頭の形	直線的なくさび型
体重	3〜4kg
毛種	長毛種
毛色	一部の色

- シール（ブラック）
- ホワイト
- チョコレート
- シナモン
- レッド
- ブルー
- ライラック
- フォーン
- クリーム

パターン ポインテッドのみ

- ソリッド
- タビー
- シルバー＆ゴールデン
- スモーク＆シェーデッド
- パーティカラー
- キャリコ＆バイカラー
- タビー＆ホワイト
- ポインテッド
- ポインテッド＆ホワイト

目色 ブルーのみ

- サファイアブルー
- イエロー
- ブルー
- ゴールド
- アクア
- オレンジ
- グリーン
- カッパー
- ヘーゼル
- オッドアイ

ブルーポイント

Leg

長く、細い骨格をした脚。後ろ脚は前脚よりも長い。ポウは、小さく丸いたまご型。

多彩なカラーが魅力のスレンダー猫
オリエンタル
Oriental

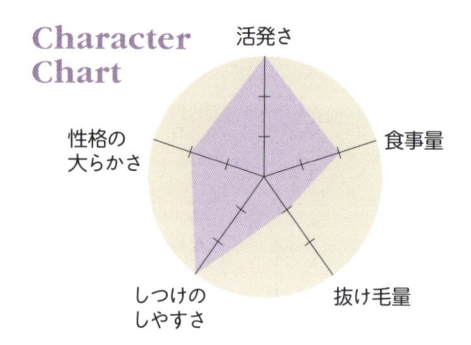

Character Chart

- 活発さ
- 食事量
- 抜け毛量
- しつけのしやすさ
- 性格の大らかさ

Head
頭部は長く先細りしたくさび型。横から見ると、額から鼻の先までのラインはまっすぐ。

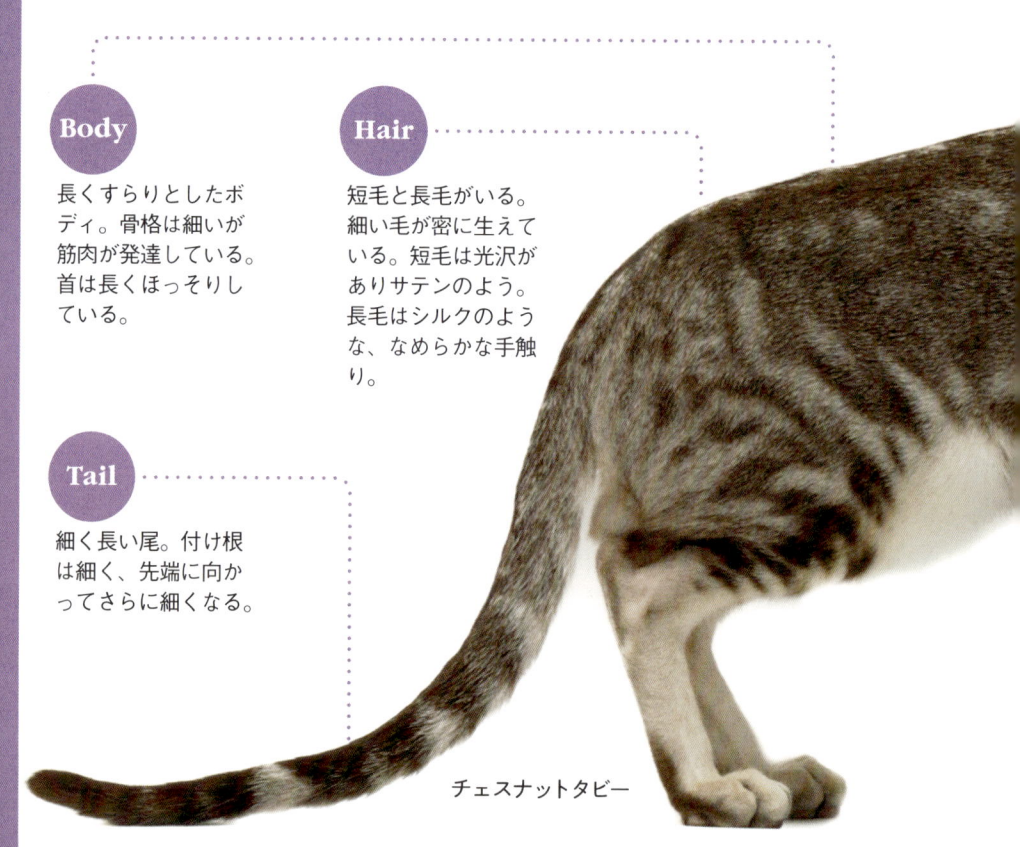

Body
長くすらりとしたボディ。骨格は細いが筋肉が発達している。首は長くほっそりしている。

Hair
短毛と長毛がいる。細い毛が密に生えている。短毛は光沢がありサテンのよう。長毛はシルクのような、なめらかな手触り。

Tail
細く長い尾。付け根は細く、先端に向かってさらに細くなる。

チェスナットタビー

Ear
とても大きな耳。付け根は広く、先端はとがっている。

Eye
中くらいの大きさのアーモンド型の目。鼻に向かって傾きがある。基本の色は、グリーン。

Leg
脚は長くほっそりとしている。ポウは小さく上品なたまご型。

Data

原産地	短毛種はイギリスで人為的発生 長毛種はアメリカで突然変異的発生
先祖	サイアミーズ
体型	オリエンタルタイプ
頭の形	直線的なくさび型
体重	3〜4kg
毛種	短毛種・長毛種
毛色	すべての色

エボニー(ブラック)／ホワイト／チェスナット
シナモン／レッド／ブルー
ラベンダー／フォーン／クリーム

パターン	すべてのパターン

ソリッド／タビー／シルバー&ゴールデン
スモーク&シェーデッド／パーティカラー／キャリコ&バイカラー
タビー&ホワイト／ポインテッド／ポインテッド&ホワイト

目色	毛色に準ずる

ブルー／グリーン／オッドアイ

カラフルな
サイアミーズ

　オリエンタルの祖先は、スレンダーな体とポイントカラーが特徴的なサイアミーズです。

　実はサイアミーズには、ポイントカラーだけでなく、もともとさまざまなカラーやパターンが存在しました。しかし、品種開発の過程でポイントカラー以外は排除され、次第に姿を消していきました。

　やがて1950年代になり、ポイントのない白いサイアミーズの開発を目指し交配が行われました。すると、再びさまざまなカラーのサイアミーズが誕生。新しい品種「オリエンタル」として、1977年にCFAで公認されました。

　その後、突然変異で生まれた長毛のオリエンタルも、オリエンタルロングヘアーとして認められることになりました。オリエンタルの毛色・パターンは、150以上が認められています。

ブルー

サイアミーズと
同じ気質をもつ

　性格は、サイアミーズ同様、人なつこく甘えん坊。飼い主のそばを離れず、自分の存在をアピールする反面、関心を集められないと機嫌を損ねるところも。運動量が非常に多いので、飼育には、十分に体を動かせる環境を整える必要があります。

ブルーアイド
ホワイト

Oriental

ブルータビー

エボニー

子猫のときから、遊び好きで社交的。飼い主と一緒に遊ぶのを好みます。

雪のように白い靴下をはいた猫
スノーシュー
Snowshoe

Head
頭部はやや縦長で平らな部分がなく、丸みのあるくさび型。額から顎にかけて、なだらかなカーブを描く。

脚先の白いサイアミーズから開発された

1960年代、アメリカ・ペンシルバニア州で、脚の先が白いサイアミーズの子猫が生まれました。地元のブリーダーが、この猫とアメリカンショートヘアーを交配させて開発したのが「スノーシュー」です。

白い靴下を履いているような脚先がいちばんの特徴。アメリカンショートヘアーの体型と、サイアミーズのポイントカラーやブルーの瞳を受け継いでいます。生まれたばかりの子猫は、まっ白なボディをしていますが、生後2〜3週ほどで色が表れ始め、徐々に濃くなります。

人なつこい性格で、活発で遊ぶのが大好きな、飼いやすい猫です。

1980年代にTICAで公認されました。

Eye
中くらいの大きさの目。上側がアーモンド型、下側が丸い形をしている。色はブルーのみ。

Leg
脚は中くらいの長さ。前後から見てまっすぐに付いている。ポウは丸い。

Character Chart

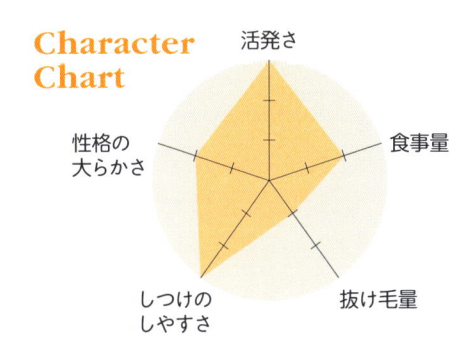

- 活発さ
- 食事量
- 抜け毛量
- しつけのしやすさ
- 性格の大らかさ

Data

原産地	アメリカで人為的発生
先祖	サイアミーズ、アメリカンショートヘアー
体型	セミフォーリンタイプ
頭の形	幅広・丸みを帯びたくさび型
体重	オス 3.5～5kg　メス 3.5～4.5kg
毛種	短毛種

毛色 すべての色

- シール
- ホワイト
- チョコレート
- シナモン
- レッド
- ブルー
- ライラック
- フォーン
- クリーム

パターン ポインテッド＆ホワイトのみ

- ソリッド
- タビー
- シルバー＆ゴールデン
- スモーク＆シェーデッド
- パーティカラー
- キャリコバイカラー
- タビー＆ホワイト
- ポインテッド
- ポインテッド＆ホワイト

目色 ブルーのみ

- サファイアブルー
- イエロー
- ブルー
- ゴールド
- アクア
- オレンジ
- グリーン
- カッパー
- ヘーゼル
- オッドアイ

Ear
中くらいの大きさの耳。付け根は広く、先端はややとがっている。

Hair
短い毛が体に密着して生えている。四肢の先は靴下をはいたように白い。

Body
ボディは中くらいの大きさで、筋肉が発達しているが、ほっそりした体つきをしている。

Tail
中くらいの長さの尾。付け根は太く、先端に向かって細くなる。

シールポイント＆ホワイト

シベリア生まれのタフな猫

サイベリアン
Siberian

Character Chart
- 活発さ
- 食事量
- 抜け毛量
- しつけのしやすさ
- 性格の大らかさ

Tail
中くらいの長さで、太い尾。均等にふさふさの毛に覆われている。

Head
頭部はやや大きめの、丸みのある変形くさび型。輪郭は、マズルに向かって徐々にせまくなり、顎につながる。

Ear
中くらいの大きさの耳。付け根は幅広く、先端は丸い。やや前傾している。

Eye
大きくて丸い目。耳の付け根へと、ややつり上がっている。

Hair
やや長めの被毛。密度が高く厚い3重のトリプルコート。やわらかい毛から硬い毛まで、手触りは個体による。

Leg
脚は中くらいの長さで、がっしりしている。わずかに前脚より後ろ脚が長い。ポウは大きく丸い。

Data

原産地	ロシアで自然発生
先祖	不明
体型	ロング＆サブスタンシャルタイプ
頭の形	丸みを帯びたくさび型
体重	オス4〜8kg　メス4〜6kg
毛種	長毛種

毛色　すべての色

- ブラック
- ホワイト
- チョコレート
- シナモン
- レッド
- ブルー
- ライラック
- フォーン
- クリーム

パターン　すべてのパターン

- ソリッド
- タビー
- シルバー＆ゴールデン
- スモーク＆シェーデッド
- パーティカラー
- キャリコ＆バイカラー
- タビー＆ホワイト
- ポインテッド
- ポインテッド＆ホワイト

目色　毛色に準ずる

- サファイアブルー
- イエロー
- ブルー
- ゴールド
- アクア
- オレンジ
- グリーン
- カッパー
- ヘーゼル
- オッドアイ

ブラウン
マッカレルタビー

Body
大型で筋肉質なボディ。背中は肩よりわずかに高くカーブを描き、腹部は樽のようなシルエット。

厳しい自然環境に適応して進化

　その名の通り、厳寒のシベリア地方発祥の猫・サイベリアン。厚い被毛と堂々とした体格は、厳しい自然環境のなかで生き抜くために進化してきたことを物語っています。

　ロシアの伝承によると、その歴史はたいへん古く、1000年ほど前から土着の猫として知られていたようです。優れた身体能力から、修道院や農家で、ネズミ捕り用の猫として飼育されてきたといいます。

　1980年代に、ロシアのブリーダーがサイベリアンに注目し、血統管理と品種改良を始めます。その後1990年にはアメリカに輸入され、CFAで2000年に品種認定されました。

シールリンクスポイント＆ホワイト

日本とロシアの友好の証となった

　2012年7月、秋田県の佐竹敬久知事が、東日本大震災の支援へのお礼として、ロシアのウラジミール・プーチン大統領に秋田犬を贈りました。その返礼として贈られたのが、サイベリアンのオス『ミール』です。ミールとは、ロシア語で「平和」の意味。

　このニュースは、日本でサイベリアンが注目されるきっかけとなりました。

レッドマッカレルタビー

Siberian

キャリコ

kitten
ブラウンタビー

寒さに強い猫種ですが、子猫のうちはオーバーコートが生えていないのでしっかり保温を。

小さく愛らしいシンガポールの妖精
シンガプーラ
Singapura

Tail
ボディに対して短めで細い尾。先端は、ぷつりと途切れたような形をしている。

Body
小さいが筋肉質でがっしりとしたボディ。

Hair
毛はやわらかくシルクのような手触り。独特のティッキングにより、動きによって毛色が微妙に変化して見える。

Leg
筋肉質でがっしりしている脚。付け根から脚先に向かって細くなる。ボウは小さいたまご型。

セピアアグーチ

Character Chart

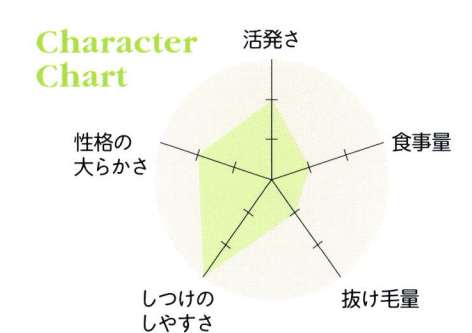

- 活発さ
- 食事量
- 抜け毛量
- しつけのしやすさ
- 性格の大らかさ

Data

原産地	シンガポールで自然発生
先祖	不明
体型	セミコビータイプ
頭の形	丸い
体重	2〜3.5kg
毛種	短毛種
毛色	セーブルのみ

セーブル

パターン　セピアアグーティのみ

タビー（ティックド）

目色　グリーン、ヘーゼル、イエロー

イエロー
グリーン
ヘーゼル

Ear
とても大きな耳。付け根は幅広いカップ状で、先端はとがっている。

Head
頭部はどこから見ても丸い。マズルは幅広で短め。鼻先から顎までのラインはまっすぐ。

Eye
目はアーモンド型で、大きく見開いている。ややつり上がり気味。色はグリーン、ヘーゼル、イエローのみ。

路上で保護された土着の猫が祖先

　1971年、シンガポールに滞在していたアメリカのブリーダー・メドウ夫妻が、路上で小さな体をした3匹の猫を保護しました。帰国後、この猫たちをもとにして、計画的な繁殖をスタートし、シンガプーラが誕生しました。

　当初は、被毛にアビシニアンのようなティッキングをもつことから、アビシニアンから作出した猫なのではないかと、出自に疑問をもたれたことも。

　しかし、シンガポール生まれのこの新しい品種は瞬く間に人気となり、1988年にCFAで公認されました。

セピアアグーティ

小さな体とティッキングが特徴

　シンガプーラの特徴は、公認猫種のなかでは最小の体。ですが、引き締まった体は見た目よりも重量があります。そして毛の1本1本が何層もの色の帯をもつティッキングによって、光が当たるとキラキラと輝く毛並みも魅力のひとつ。「妖精」と呼ばれることもある、愛らしい猫です。

　性格は優しく、人見知りをしません。活発に動き、アクティブな遊びが好きです。鳴き声が小さいので、集合住宅での飼育にも向いています。

kitten

セピアアグーティ

Singapura

セピアアグーティ

セピアアグーティ

アビシニアンの長毛種
ソマリ
Somali

Head
頭部は平らな面がない、丸みを帯びたくさび型。横から見ると鼻筋はゆるやかなカーブを描く。

Ear
付け根が広いカップ状の大きな耳で、先端はややとがっている。耳の内側には水平に生えるタフトがある。

Eye
アーモンド型で大きく、輝いている。目の縁には濃いラインと、それを囲む明るい色のラインがある。

Leg
脚は細く、引き締まっている。ポウはたまご型。立ち姿はつま先立ちをしているようにも見える。

ルディ

Character Chart

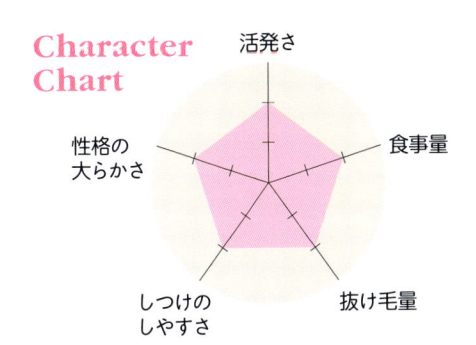

- 活発さ
- 食事量
- 抜け毛量
- しつけのしやすさ
- 性格の大らかさ

Data

原産地	カナダで突然変異的発生
先祖	アビシニアン
体型	フォーリンタイプ
頭の形	丸みを帯びたくさび型
体重	オス3〜5kg メス3〜4.5kg
毛種	長毛種
毛色	一部の色

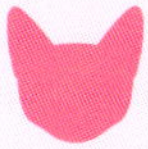

ルディ　ホワイト　チョコレート
シナモン　レッド　ブルー
ライラック　フォーン　クリーム

パターン	ティックドタビーのみ

ソリッド　タビー（ティックド）　シルバー＆ゴールデン
スモーク＆シェーデッド　パーティカラー　キャリコ＆バイカラー
タビー＆ホワイト　ポインテッド　ポインテッド＆ホワイト

目色	グリーン、ゴールド

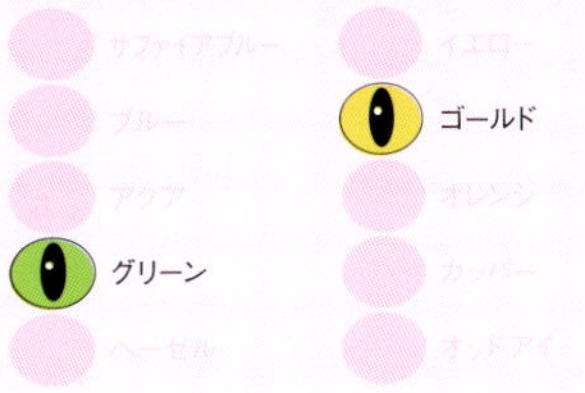

サファイアブルー　イエロー
ブルー　● ゴールド
アクア　オレンジ
● グリーン　カッパー
ヘーゼル　オッドアイ

Body
中型のボディ。筋肉質で引き締まり、優美な印象を与える。ボディラインは、しなやかな曲線を描く。

Tail
尾の付け根は太く、先端に向かって細くなる。ブラシのようにふさふさしている。

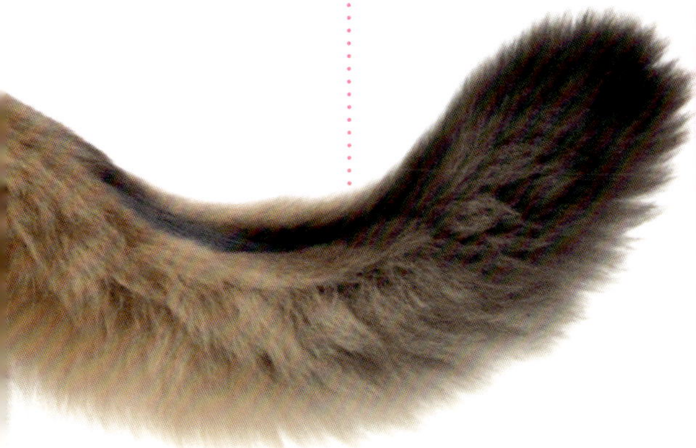

Hair
やわらかい手触りの被毛。独特のティッキングにより、動きによって毛色が微妙に変化して見える。

アビシニアンの失敗から生まれた!?

　ソマリは、長毛のアビシニアンをもとに作られた品種です。もともと、長毛の個体はアビシニアンからときどき生まれていました。しかしアビシニアンの基準では失格となってしまうため、表舞台に出ることはなかったのです。

　そんな日陰の存在だった猫が注目されたのは、1963年、カナダのキャットショーでのこと。ひとりのブリーダーが持ち込んだ長毛のアビシニアンに、審査員が目を留めたことがきっかけでした。

　その後、カナダやアメリカのブリーダーによって、計画的に繁殖が進められ、ソマリが誕生。1972年にCFAで公認されると、瞬く間に世界中で人気を集めました。

アビシニアンより被毛の手入れが必要

　性格はアビシニアンと同様、とてもおだやかで人なつこく、鈴のようなかわいらしい鳴き声も人気です。

　ただし、ソマリの魅力のひとつでもあるふさふさの尾を見てもわかる通り、長毛種ならではのグルーミングは必須。1日1回、ブラッシングをして被毛の美しさを維持しましょう。

フォーン

kitten　レッド

アビシニアン同様、人なつこいが神経質な面も。たくさん遊んであげましょう。

Somali

ブルー

kitten
フォーン

ソマリ

ルディ

kitten
ルディ

レッド

column

ソマリという名はアビシニアンと関係あり!

ソマリという名は、アビシニアンの名前の由来となった国「アビシニア」の隣の国「ソマリア」からとられています。アビシニアンに近い猫ということで、隣国の名が付けられたそう。

フォーン

(左)(右)とも、ルディ

まるで"E.T."!?　無毛のしわしわ猫
スフィンクス
Sphynx

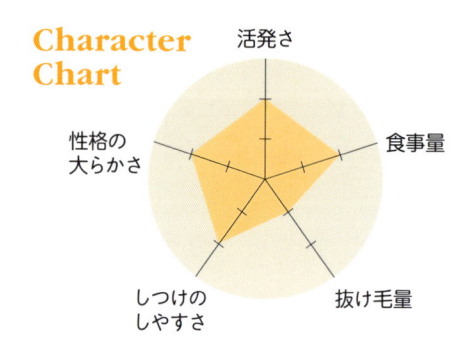

Character Chart

- 活発さ
- 食事量
- 抜け毛量
- しつけのしやすさ
- 性格の大らかさ

Ear
大きな耳。付け根が幅広く、耳の外側は目と同じ高さから、大きく開いてまっすぐに付いている。

Body
中型で筋肉質なボディ。胸は幅広くて丸い。腹部は丸みがあり、しわがあるのがよいとされる。

Hair
無毛だが、わずかな産毛が生えている。耳、脚、尾には細くて短い毛が生えている。スエードのような手触り。

Tail
細くしなやかな尾。ボディとのバランスがよい長さで、先端に向かって細くなる。

ブルー＆ホワイト

Head
頭部はわずかに縦長で丸みのあるくさび型。マズルも丸く、頬骨と鼻が突き出ていてウィスカーブレイク（頬のくぼみ）が目立つ。

Eye
中央は大きく開き、目の外側はくっきりとがっている、レモン型の大きな目。ややつり上がっている。

Leg
脚は中くらいの長さ。ボディとのバランスがよく、筋肉質でたくましい脚。ポウはたまご型。

Data

原産地	カナダで突然変異的発生
先祖	デボンレックスなど
体型	セミフォーリンタイプ
頭の形	丸みを帯びたくさび型
体重	オス3〜5kg メス3〜4.5kg
毛種	無毛種
毛色	すべての色

ブラック　ホワイト　チョコレート
シナモン　レッド　ブルー
ラベンダー　フォーン　クリーム

パターン すべてのパターン

ソリッド　タビー　シルバー&ゴールデン
スモーク&シェーデッド　パーティカラー　キャリコ&バイカラー
タビー&ホワイト　ポインテッド　ポインテッド&ホワイト

目色 すべての色

サファイアブルー　イエロー
ブルー　ゴールド
アクア　オレンジ
グリーン　カッパー
ヘーゼル　オッドアイ

デボンレックスとの
交配で作られた

　無毛の猫は、古来、突然変異でまれに生まれていたようで、世界各地でその記録が残っています。確認されている最も古い記録は、1960年代、カナダのトロントで生まれた無毛の猫。ただ、品種として確立されることはありませんでした。その後、1970年代になりアメリカのマークスティン夫妻が中心となって、無毛の猫とデボンレックスとの交配が行われ、開発されたのがスフィンクスです。1980年にTICAで公認されました。

　猫種名は、エジプトのスフィンクス像に体の特徴が似ていたことから名付けられました。

　性格は愛情深く、人に注目されるのが好きな目立ちたがり屋でもあります。一緒に暮らすのが楽しい猫です。

毛がない皮膚は
入念なケアが必要

　無毛猫なので、手入れは必要ないかというと、そうではありません。毛穴から出る分泌物が皮膚のしわに溜まりやすいので、こまめに拭き取る必要があります。朝夕1回ずつ、タオルやセーム皮でマッサージをしながら拭き取りを。2週間に1回は、シャンプーもします。

　また、毛がない分、温度変化に敏感で暑さと寒さに弱いため、温度管理が大切です。外出時は紫外線の対策も。

kitten ブラック

Sphynx

ブラック

暑さ、寒さに非常に弱い猫種なので、とくに子猫のときは室温管理を慎重に。

キャリコ

ブルー

スフィンクス

ホワイト

column

"猫"のイメージを くつがえす個性派猫

非常に大きな耳に、レモンシェイプの目というユニークなルックスも人気の理由。映画『E.T.』のモデルになったのではと話題になったこともある猫種です。

ブラック

Sphynx

kitten ブラック

好奇心旺盛で、一緒に
遊ぼうと人にアピール
することも。

トーティ＆ホワイト

レッドタビー
＆ホワイト

ミンクのような美しい被毛をもつ
トンキニーズ
Tonkinese

Ear
中くらいの大きさの耳。付け根は幅広く、先端はたまご型。耳の毛はとても短く、体に沿って生えている。

Head
頭部は、横幅よりやや縦に長く、丸みのあるくさび型。マズルは、盛り上がりが途切れたような形。

Eye
よく見開いたアーモンド型の目。耳の外側の付け根に向かって、ややつり上がっている。両目の間隔は近め。透明感があり輝く色がよいとされる。

Leg
脚はややほっそりとしているが、筋肉が発達している。ポウはたまご型。

Character Chart

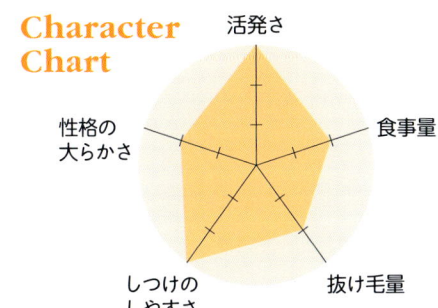

- 活発さ
- 食事量
- 抜け毛量
- しつけのしやすさ
- 性格の大らかさ

Data

原産地	カナダで人為的発生
先祖	サイアミーズ、バーミーズ
体型	セミフォーリンタイプ
頭の形	丸みを帯びたくさび型
体重	オス3〜5kg メス3〜4.5kg
毛種	短毛種

毛色 一部の色

ナチュラル　ホワイト　シャンパン
シナモン　レッド　ブルー
プラチナ　フォーン　クリーム

パターン 一部の色

ミンク　タビー　シルバー&ゴールデン
スモーク&シェーデッド　パーティカラー　キャリコ&バイカラー
タビー&ホワイト　ポインテッド　ポインテッド&ホワイト

目色 一部の色

サファイアブルー　イエロー
ブルー　ゴールド
アクア　オレンジ
グリーン　カッパー
ヘーゼル　オッドアイ

Body
中型のボディで、筋肉が発達して引き締まっている。大きくも小さくもないバランスのよいプロポーション。

Hair
細くてやわらかい毛が、体に密着して生えている。光沢があり、シルクのような手触り。

Tail
尾はボディとバランスのとれた長さで、やや太めの尾。先端に向かって細くなる。

ナチュラルミンク

トンキニーズ

サイアミーズとバーミーズから誕生

　由緒正しいふたつの人気品種、サイアミーズとバーミーズを交配させて新しい品種を生み出す試みが、1950年代〜70年代にかけてアメリカとカナダで行われました。

　品種の確立には時間を要しましたが、やがて理想の猫が完成します。サイアミーズの特徴的なポイントカラーとブルーに輝く瞳、バーミーズの丸みのあるボディとつややかな毛並み。そんな長所を見事に受け継いだ、トンキニーズが誕生したのです。とくに被毛の美しい色合いと手触りのよさはトンキニーズ最大の魅力で、「ミンクのよう」と讃えられます。

　1965年にカナダのキャットクラブで公認され、1984年にCFAでも公認されました。

ナチュラルミンク

十分に遊べるスペースを確保して

　トンキニーズの性格は、人なつこくて甘えん坊。そして、とても活動的で、運動能力が高く、走り回ったり高いところに上ったりするのが大好きです。

　そのため、飼育スペースには、走り回れる余裕のあるスペースが必要。キャットタワーなど上下運動のできる遊び場も用意したいものです。

プラチナポイント

Tonkinese

プラチナミンク

ナチュラルポイント

サイアミーズの性格を受け継ぎ、非常に社交的で遊び好きな猫種です。

トルコ生まれの"バレリーナ"

ターキッシュアンゴラ
Turkish Angora

Hair
シングルコートの被毛。シルクのような光沢があり、やわらかくふさふさとしている。

Body
中型のボディ。骨格が細い。長くほっそりとしていて、丸いというより楕円形に近い。

Tail
尾の付け根は太く、先端に向かって細くなる。ふさふさとした毛に覆われていてブラシのよう。

Leg
細くて長めの脚。後ろ脚は前脚よりも長い。ポウは小さく丸い。

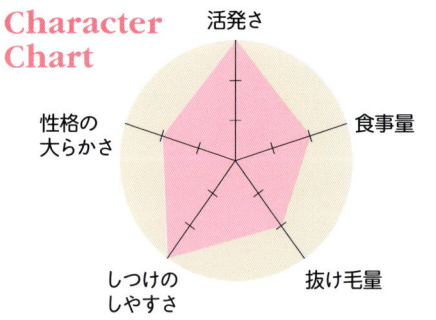

Character Chart

- 活発さ
- 食事量
- 抜け毛量
- しつけのしやすさ
- 性格の大らかさ

ブラック&ホワイト

Ear
耳は大きく、先端はとがっている。頭の高い位置に垂直に付いている。

Head
頭部はボディに対してやや小さめで、なだらかなくさび型。マズルは、くさび型の輪郭にスムーズに続く。

Eye
アーモンド型の大きな目。わずかにつり上がっている。

Data

原産地	トルコで自然発生
先祖	不明
体型	フォーリンタイプ
頭の形	平面のあるくさび型
体重	オス 3.5～5kg メス 3.5～4.5kg
毛種	長毛種
毛色	多くの色

ブラック　ホワイト　チョコレート
シナモン　レッド　ブルー
ライラック　フォーン　クリーム

パターン　多くのパターン

ソリッド　タビー　シルバー&ゴールデン
スモーク&シェーデッド　パーティカラー　キャリコ&バイカラー
タビー&ホワイト　ポインテッド　ポインテッド&ホワイト

目色　多くの色

- サファイアブルー
- ブルー
- アクア
- グリーン
- ヘーゼル
- イエロー
- ゴールド
- オレンジ
- カッパー
- オッドアイ

古い歴史をもつ
トルコの長毛猫

　ターキッシュアンゴラは、トルコで自然発生した猫で、長毛種のなかでは最も古い歴史をもちます。

　1600年代初期、商人によってフランスに運ばれ、トルコの首都アンカラのかつての呼び名から「アンゴラ」として紹介され、人気を博しました。

　ところが、当初は頭数が少なく、ペルシャとの交配が盛んに行われた結果、純粋なアンゴラは徐々に数を減らしていきます。第二次世界大戦時には、絶滅の危機に瀕しました。しかし、1960年代、トルコの動物園で保護されていたアンゴラがアメリカに輸入されたことで、計画繁殖がスタート。「ターキッシュアンゴラ」として、1973年にCFAで公認されました。

ブラック＆ホワイト

性格は優しくて
ちょっぴり神経質

　ターキッシュアンゴラは、優しく飼い主に忠実で、愛情深い性格。バレリーナにたとえられる優美な動作は、見る者を魅了します。ただ、やや神経質なところもあり、せまい場所などを嫌います。せまいキャリーに長い時間閉じ込めることなどがないよう注意してください。

トーティシェル

Turkish Angora

kitten
ブラウンマッカレルタビー&ホワイト

怒りっぽかった性格は、改良を重ねることで、猫種のなかでいちばんといわれるほど社交的に。

オッドアイドホワイト

トルコの"スイミング・キャット"
ターキッシュバン
Turkish Van

水遊びをする猫をトルコで発見

　ターキッシュバンは、トルコの山岳地帯に古くから生息していた猫です。特徴的なのは、猫には珍しく泳ぎが得意とされること。別名「スイミング・キャット」とも呼ばれます。なぜ泳ぎが得意なのかはわかっていませんが、水をよく弾く被毛は、泳ぎに適しているといえます。

　1955年、トルコを旅していたイギリスのブリーダーが、この猫を発見。頭と尾だけ色がついたその容姿と、水遊びをするという猫には珍しい習性に興味をもち、ペアを連れ帰りました。

　1969年にイギリスで公認。さらにアメリカに渡って本格的な繁殖が行われ、1995年にCFAで公認されました。

Ear
適度に大きな耳。付け根が広く、先端はやや丸みがある。頭の高い位置に離れて付いている。

Hair
つややかでカシミヤのような手触りの被毛。毛の長さはセミロングだが夏は短く、冬は長めになる。

Body
大型でたくましく、がっしりとしたボディ。胸は幅広で厚い。頭と肩の幅は同じ。

Tail
尾は長く、体とのバランスがよい。ふさふさとした毛に覆われていて、ブラシのよう。

Character Chart

- 活発さ
- 食事量
- 抜け毛量
- しつけのしやすさ
- 性格の大らかさ

Head
頭部は幅の広いくさび型。なだらかな輪郭で、頬骨は高い位置にある。マズルと顎は丸い。

Eye
楕円形のやや大きな目。耳の外側から鼻先まで、等間隔の位置にある。

Leg
長くて筋肉質な脚。脚先に向かって細くなっていく。ポウは丸く大きい。

レッドタビー＆ホワイト

Data

原産地	トルコで自然発生
先祖	不明
体型	ロング＆サブスタンシャルタイプ
頭の形	幅広・丸みを帯びたくさび型
体重	オス4〜6.5kg メス4〜5.5kg
毛種	長毛種
毛色	一部の色

ブラック　ホワイト　チョコレート
シナモン　レッド　ブルー
ライラック　フォーン　クリーム

| パターン | 一部のパターン |

ソリッド　タビー　スモークシェーデッド
スモークシェーデッド　パーティカラー　キャリコ＆バイカラー
タビー＆ホワイト　ポインテッド　ポインテッド＆ホワイト

| 目色 | ブルー、アンバー、オッドアイ |

サファイアブルー　イエロー
ブルー　ゴールド
アクア　アンバー
グリーン　カッパー
ヘーゼル　オッドアイ

用語集

【ア行】

アクア
トンキニーズに見られるような、透明感のある淡いブルー。

アグーティ
タビーパターンを発現させる遺伝子。1本の毛を複数の帯（バンド）にわける。

アビシニアンタビー
アビシニアン特有のタビーパターン。ただし、実際は額にわずかに確認できるほどで、ほとんどわからない。

アンダーコート
下毛のこと。オーバーコート（上毛）に隠れて生えていて、短くてやわらかい。

イエネコ
現在、人間と共存している猫全般を指す。ネコ目ネコ科ネコ亜科ネコ属に分類される。

異種交配
異なる品種を交配して、品種改良を行うこと。CFAやTICA各団体により、規則は異なる。

オーバーコート
上毛のことで、ガードヘアーともいう。体の外側に生える長い被毛で、防水、遮光などの役割がある。

オッドアイ
左右が異なる目色のこと。片方がカッパー・ゴールド・イエローで、もう一方がブルー。

オリエンタルタイプ
ボディタイプの一種。胴が円筒形のほっそりとした体格のこと。サイアミーズなど。

【カ行】

カメオ
毛色の一種。純白の地色で、毛先には赤のティップがある。

キャットクラブ
血統登録の管理や、キャットショーを運営する団体。

キャットショー
キャットクラブが主催する猫の品評会。純血種ごとの審査基準によって順位付けを行う。

キャットタワー
猫の遊具。柱にいくつかのステップが付いていて、猫の上下運動や爪とぎに役立つ。

運動不足解消に役立つキャットタワー。

キャリコ
毛色・パターンの一種。三毛のこと。白地に黒と赤のパッチパターンがある。

クラシックタビー
タビーパターンの一種。胴の両側にある雲型の大きな模様と、両肩の蝶のような模様が特徴。

グルーミング
ブラッシングやシャンプーといった手入れのこと。

コート
被毛のこと。

コビータイプ
ボディタイプの一種。胴が短く、丸みのある体格のこと。ペルシャやエキゾチック、バーミーズなど。

【サ行】

作出
品種の改良や、新しい品種を生み出すこと。

CFA
THE CAT FANCIERS' ASSOCIATION, INC.の略。1906年にアメリカで創設された猫種登録協会。

シェーディング
純白の毛の先に濃い色がついている被毛で、背中から腹部にかけて徐々にその色が薄くなっていくこと。

シェーデッド
毛色・パターンの一種。ティッピングされた毛色で、色がついている毛先部分が広い。

自然発生タイプ
ほぼ人の手が加わることなく、自然のなかに存在していた品種。アビシニアン、シャルトリューなど。

シナモン
毛色の一種。淡い赤茶色のこと。

人為的発生タイプ
人の手により理想的な品種の確立を目指し、異種交配をして作り出した品種。ボンベイ、エキゾチックなど。

シングルコート
下毛がほとんどない被毛のこと。

スモーク
毛色・パターンの一種。被毛の根元から半分が白で、上半分にほかの色がついている。

セピアカラー
毛色の一種。シンガプーラが代表的。

セミコビー
ボディタイプの一種。コビーに近い、胴がやや短い体格のこと。シャルトリュー、コラットなど。

セミフォーリン
ボディタイプの一種。フォーリンに近い、胴がやや細身の体格のこと。ラパーマやオシキャットなど。

ソリッドカラー
毛色の一種。ブラック、ホワイト、ブルーといった単色のこと。

シャルトリューは、ブルーのソリッド。

【タ行】

ダイリュート
基本色が薄められた色。ブルー、ライラック、クリームなど。

ダイリュートキャリコ
毛色・パターンの一種。白地にブルーとクリームが入る。

タビー
縞模様のこと。

タフト
耳や脚の指の間に生えている房になった毛のこと。

ダブルコート
発達した下毛と長い上毛が生えた、厚みがあって弾力のある被毛のこと。ロシアンブルー、ノルウェージャンフォレストキャットなど。

チンチラ
毛色・パターンの一種。毛の先端にわずかに色がついている。

TICA
The International Cat Associationの略。1979年にアメリカで創設された猫種登録協会。

ティッキング
毛の1本1本に4～6色の帯（バンド）がついた被毛。アビシニアン、ソマリ、シンガプーラなど。

ティッピング
毛の先端に、根本とは異なる色がついていること。色がつく範囲により、チンチラ、シェーデッド、スモークに分かれる。

トーティシェル
毛色・パターンの一種。レッドとブラックがモザイク状に入った被毛のこと。

突然変異的発生タイプ
遺伝子の変化によって、それまでの系統になかった特徴を持った品種。アメリカンカール、マンチカンなど。

トリプルコート
サイベリアンに見られる、ぶ厚く密集して生えた被毛のこと。

【ハ行】

パーティカラー
毛色・パターンの一種。トーティシェル、ブルークリームなど、混ざり合わない複数の毛色のこと。

バイカラー
毛色・パターンの一種。二毛のこと。白地にほかの色がついている。

パターン
模様のこと。

パッチ
ブラックやブルーなどの毛色に、レッドやクリームが入る毛色。はっきりとした形で色が分かれている。パッチがある猫はすべてメス。

バンパターン
毛色・パターンの一種。頭部、尾、胴体の一部に全体の20%以下で色がついている。

フォーリンタイプ
ボディタイプの一種。胴がやや細身で、筋肉質な体格のこと。

フォーン
毛色の一種。シナモンが薄まった色。カフェオレ色に近い。

プラチナ
毛色の一種。ブルーが薄まった色。銀色に近い。

ブリーダー
繁殖家。品種の改良や普及に大きく貢献している。

ブリーディング
品種の向上を目指し、繁殖・育種をすること。

ブルー
目色の場合は、青色。被毛の場合は、灰青色を指す。

ブルークリーム
毛色の一種。ブルーの地色に、クリームのパッチが入る。すべてメス。

ヘーゼル
目色の一種。黄色に近い薄緑色。

ポイントカラー
毛色・パターンの一種。顔、耳、尾、四肢に、ボディよりも濃い色が入る。サイアミーズなど。

ボウ
脚先のこと。

ボブテイル
尾が短いこと。ジャパニーズボブテイルなど。

【マ行】

マーブルドタビー
タビーパターンの一種。クラシックタビーと同じ。

マズル
鼻口部のこと。

ミテッド
毛色・パターンの一種。顔、耳、尾、四肢にポイントカラーが入り、脚の先端や鼻、顎に白色が出る。ラグドールなど。

ミンク
トンキニーズに見られる、毛色の一種。

【ラ行】

ライラック
毛色の一種。チョコレートが薄まった色。

ルディ
毛色の一種。アビシニアンとソマリにのみ見られる色で、オレンジに近い茶色。

レックス
遺伝子の突然変異が原因で、被毛にウェーブがかかること。コーニッシュレックス、デボンレックス、セルカークレックスなど。

ロング＆サブスタンシャルタイプ
ボディタイプの一種。がっしりとしたという意味で、大型で筋肉質、重量感のある体格のこと。

【ワ行】

ワーキング・キャット
ネズミ捕りなど、人の役に立つ猫のこと。アメリカンショートヘアー、メインクーンなどがもともとはワーキング・キャットとして働いていた。

ワイヤーヘアー
アメリカンワイヤーヘアーのように、遺伝子の突然変異が原因で、針金のように硬く縮れた被毛のこと。

アメリカンショートヘアーは、もともとワーキング・キャットでした。

監修
CFA公認審査員
早田由貴子(はやた　ゆきこ)

1950年東京都生まれ。北里大学獣医学部卒業後、カリフォルニア大学デービス校小動物外科研究室に留学、サクラメントリバーサイド猫専門病院にて研修をする。エルムス動物医療センター獣医師、CFA国際公認オールブリード審査員、ヤマザキ学園大学・ヤマザキ動物専門学校非常勤講師、マウントフジキャットクラブ理事。監修に『猫と暮らそう！ 子猫の選び方・飼い方』(池田書店)、『世界一かわいい　うちのネコ　飼い方としつけ』(日本文芸社)がある。

写真
福田豊文(ふくだ　とよふみ)

1955年佐賀県生まれの動物写真家。野生動物から動物園、犬や猫など、さまざまな動物たちの撮影に精力的に取り組んでいる。フォトライブラリーU.F.P.写真事務所代表、日本写真家協会(JPS)会員。おもな著書に『ほんとのおおきさ動物園』(学研教育出版)、『どうぶつえんのみんなの1日』(アリス館)など多数。

まるごとわかる
猫種大図鑑

2014年8月5日　第1刷発行
2018年9月28日　第8刷発行

発行人	鈴木昌子
編集人	長崎 有
編集担当	日笠幹久
発行所	株式会社 学研プラス
	〒141-8415 東京都品川区西五反田2-11-8
印刷所	大日本印刷株式会社

企画・編集	株式会社スリーシーズン
執筆	齊藤万里子
デザイン	茂木弘一郎(blueJam inc.)
本文写真	福田豊文(U.F.P.写真事務所)
	大地 慧(P.127)
本文DTP	株式会社アド・クレール
校正	株式会社チャイハナ、株式会社鷗来堂

●この本に関する各種お問い合わせ先
本の内容については　Tel 03-6431-1516(編集部直通)
在庫については　Tel 03-6431-1250(販売部直通)
不良品(落丁、乱丁)については　Tel 0570-000577
　学研業務センター
　〒354-0045 埼玉県入間郡三芳町上富279-1
上記以外のお問い合わせは
Tel 03-6431-1002(学研お客様センター)

© Gakken

本書の無断転載、複製、複写(コピー)、翻訳を禁じます。
本書を代行業者等の第三者に依頼してスキャンやデジタル化することは、たとえ個人や家庭内の利用であっても、著作権法上、認められておりません。

学研の書籍・雑誌についての新刊情報・詳細情報は、下記をご覧ください。
学研出版サイト　http://hon.gakken.jp/